BIBLIOTHEQUE

CHRÉTIENNE ET MORALE,

APPROUVÉE

PAR MONSEIGNEUR L'EVÊQUE DE LIMOGES.

L'ANGE DE LA VALLÉE.

L'ange de la vallée.

L'ANGE
DE LA VALLÉE

OU

CE QUE DISENT LES CHAMPS

PAR

F. DE VALSERRES.

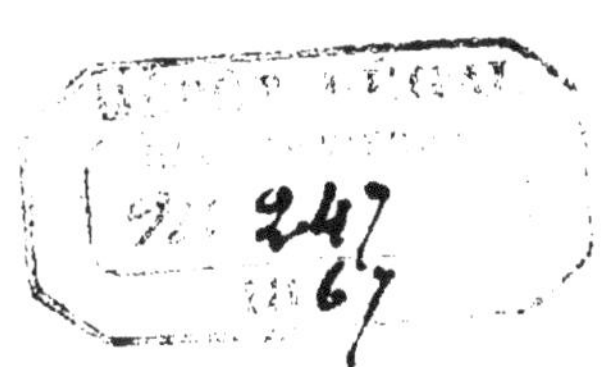

LIMOGES
BARBOU FRÈRES, IMPRIMEURS-LIBRAIRES.
1867

« Le chrétien est vraiment le poète et l'artiste par excellence; il découvre Dieu partout; il le voit qui fait des signes d'amour derrière le treillis de la création; car le Seigneur communique à ses amis un sens supérieur qui pénètre tout, et voit en toutes choses l'action divine qui se promène, comme on voit le soleil qui passe derrière un nuage dont l'obscurité devient transparente. »

MGR LANDRIOT.

A MARIE

REINE DES ANGES, REFUGE DES PÉCHEURS

ET CAUSE DE NOTRE JOIE.

INTRODUCTION.

—

Nous avons donné cette Introduction dans le n° 153 de l'*Union Catholique*; nous allons rappeler ce numéro à nos lecteurs :

Il est des hommes qui ne craignent rien tant que de trouver Dieu : son ombre seule les épouvante. Cela se comprend : leur vie est en perpétuel désaccord avec sa loi. Ceux qui le servent fidèlement ne craignent rien tant au contraire que de le perdre de vue. Toujours ils veulent l'avoir présent à la pensée. Là est leur trésor, là se trouve aussi leur cœur. Ils courent à Dieu par mille petits sentiers connus de leur amour, ils se resserrent à ce centre de vie le plus possible et par des liens innombrables; toutes les créatures leur servent de degrés pour s'élever jusqu'à lui. C'est par mille voix qu'ils le glorifient, le bénissent et l'adorent. Tout ce qui sur la terre leur paraît beau, noble, grand, puissant, généreux, pur, bon, aimable, fournit une strophe à leur hymne de bénédiction. La douce antorité d'un père, l'inépuisable tendresse d'unc mère, l'affection d'une sœur, la cordialité d'un ami, le dévouement d'un frère, un acte de justice, de miséricorde, d'abnégation, de charité sont autant de voix qui leur parlent de Celui qui est la source première de toute beauté, de toute bonté, de toute sainteté, de toute perfection. La vie de ces chrétiens est toute *angélisée* par la charité...

Dieu est amour, et quiconque demeure dans l'amour, demeure en Dieu et Dieu en lui. O l'honorable et sublime vie pour l'homme que celle de vivre en Dieu, de vivre de Dieu, de le porter perpétuellement dans son âme, dans son cœur, dans sa mémoire, dans sa pensée, de le voir partout, avant tout, par-dessus tout, en toutes choses, de lui parler, de lui rendre grâces, de le bénir souvent avec le besoin, avec la passion d'une âme toute remplie de son amour ! Comme tout alors doit être beau sous le ciel ! Que de vie et d'harmonie doit y répandre cette grande pensée d'un Dieu que toutes les créatures glorifient et dont *les cieux et la terre racontent les merveilles et la gloire* !

La nature surtout a d'ineffables voix à prêter à l'homme qui sert le Seigneur. Depuis qu'elle a été restaurée, purifiée en Jésus-Christ, elle a pour parler de son créateur d'inépuisables cantiques, elle a des harpes mystérieuses, des accords, des concerts qui ne sont soupirés, murmurés que par elle...

Et si cette nature si retentissante, si harmonieuse, est encore si belle et si bien ordonnée; si elle nous offre des scènes si souriantes, si gracieuses, et d'autres si imposantes, si terribles, n'est-ce pas afin que les hommes y entrevoient quelques reflets de la beauté, de la sagesse, de l'amour et de la toute-puissance de Dieu ? Ce sont les attributs éternels qui sont offerts en spectacle à notre pensée pour qu'elle les médite ; c'est le nom de *Dieu* écrit dans un livre immense avec les astres, les tempêtes, les glaciers, les déserts et les profondeurs de l'océan, les aurores les lacs, les insectes et les fleurs, afin que nous en épelions quelques lettres , et que Dieu plus connu , nous l'aimions davantage..... Il n'y a pas une mousse, un grain de sable, un brin d'herbe , une goutte de rosée qui ne puisse nous parler de sa merveilleuse puissance , qui ne puisse nous traduire une de ses pensées éternelles, et nous dire quelque chose de cet amour attentif, délicat, prodigue, infini qui a paré le lieu de notre exil bien mieux que la plus tendre des mères ne saurait orner le berceau de son enfant... Toutes ces merveilles, répandues avec tant d'art et de profusion, toute cette riche nature, ne sont dans leur ensemble qu'une gaze légère; il est bien des hommes qui ne veulent pas en voir davantage; le chrétien intérieur soulève ce voile et retrouve tout un long cantique de bénédiction, qui étincelle en lettres merveilleuses sur chacune des œuvres de Dieu, sur l'aile d'un moucheron, l'étamine d'une fleur, les antennes d'un scarabée ou l'aiguillon d'une abeille; car Dieu, comme le remarque saint Augustin, n'est ni plus grand dans les grandes choses, ni plus petit dans les plus petites.

Ah! Si nous savions voir toutes choses en Dieu et Dieu en toutes choses, si nous pensions bien souvent à cet amour infini qui ne cesse de penser à nous?

Les saints n'ont trouvé partout dans la nature que des symboles mystérieux, des emblêmes célestes, leur rappelant ce qu'il y a de plus saint dans la religion, de plus auguste dans nos croyances. Les graminées et les fleurs leur ont commenté l'Evangile. Le divin Maître ne traçait-il pas lui-même sa doctrine sublime avec des paroles empruntées du figuier, de la vigne, du passereau, du cerf altéré, de l'agneau, de l'herbe des champs, du lis de la vallée?... La nature est le langage du doux Maître, et tout dans cette nature le rappelle à ses enfants.

Le soleil qui répand sur notre monde tant de lumière et de vie, rappelle celui qui s'est appelé le Soleil de justice, et a versé sur le monde tant d'amour et de miséricorde. L'étoile, le pâtre qui garde son troupeau, une caverne abandonnée, une nuit sereine, silencieuse et froide sont autant de souvenirs de Bethléem et des mages. L'humble et paisible chaumière rappelle la pauvre et si mystérieuse, si sainte demeure de Nazareth; un tendre agneau, l'Agneau de Dieu qui a voulu se laisser égorger sans se plaindre. Les roseaux, les longues épines de la haie, un arbre, une montagne, offre des réminiscences pleines de larmes de la passion et du calvaire. Saint Bernard ne pouvait considérer une colline sans songer au Golgotha. La source d'eau murmure encore les divines paroles du Maître, *si vous connaissiez le don de Dieu*, et rappelle le baptême. Les moissons qui jaunissent, la vigne qui revêt la colline retracent à notre esprit la pensée du sacrement adorable qui, sous les humbles espèces du pain et du vin, donne à l'homme son Créateur... Oh! que la nature a été abondamment purifiée par Jésus-Christ!

Comme elle parle saintement de tant de choses divines ! Comme elle aide puissamment le chrétien à s'unir à Dieu !

Le Créateur est autrement plus admirable que ses créatures ; c'est toujours vers lui que s'élance le chrétien qui n'est rempli que de son adorable pensée ; c'est dans Dieu, dans sa providence, dans sa bonté, dans son inépuisable amour qu'il trouve le mot de tous les mystères qui l'entourent. Ne nous étonnons donc pas s'il n'a toujours que des accents de bénédiction sur ses lèvres et des hymnes d'amour sur la lyre de son cœur.

L'ANGE DE LA VALLÉE

LE PREMIER ENCENS.

Le fardeau de la veille confié de très bonne heure au sommeil, j'ai pu m'éveiller aussi de très-bonne heure ; et, avant que tout s'éveille dans la nature, j'ai fait de ma prière l'aurore bien-aimée de toutes mes actions de ce jour.

Voici maintenant qu'une douce lumière blanchit l'orient. Les étoiles pâlissent; le jour se fait : c'est la vie qui va renaître. Encore une demi-heure, et toute la nature va tressaillir. Saisissons ce moment rapide, atteignons vite le plus haut sommet de cette colline, tout en préludant à l'hymne immense de la création par l'humble offrande encore de tout mon cœur au Dieu qui est le père de la vie, le créateur de toutes choses et qui jalouse les prémices des fruits, des sacrifices et des œuvres.

Père céleste, c'est pour vous connaître, vous servir, vous aimer toujours que vous m'avez donné l'existence. Je viens de vous, je suis fait pour vous, je vais à vous, comment ne serais-je pas tout à vous? Recevez donc, ô Dieu, le don de tout mon cœur et l'offrande entière de mes pensées, de mes paroles et de mes actes pour ce jour et tous les jours de ma vie. Vous avez créé l'homme pour qu'il se conduisît dans la justice, la droiture et la pureté que demande votre présence; donnez-moi votre sagesse, afin qu'elle agisse en moi, qu'elle me conduise et m'inspire ce qui est conforme à votre parfaite volonté. *Pater noster*! C'est le premier cri qui s'élève chaque matin du sein de l'immense nature; comment l'homme, votre enfant privilégié, ne vous le dirait-il pas le premier dans toute l'effusion de l'action de grâces et de l'amour!

MA MONTAGNE.

—

Un poète a dit :

> Jehova de la terre a consacré les cîmes.

Rappelons le Sinaï, Horeb, le Carmel, Sion le Thabor, le Calvaire... Ne semble-t-il pas que les lieux élevés aient été choisis par Dieu pour être le théâtre de ses grandes manifestations? Ce sont les montagnes, lorsqu'il descend sur la terre, qui deviennent

> ..... de ses pas le divin marchepied.

Ecoutons les paroles des Saintes Ecritures :

Altitudines montium ipsius sunt. Les hauteurs des montagnes sont à Dieu, dit le Psalmiste. Et ailleurs : « J'ai levé les yeux vers les montagnes d'où me viendra le secours... Qui montera sur la montagne de Dieu?... Qui se reposera sur votre montagne sainte?... Donnez-moi des ailes comme à la colombe, ô mon Dieu, et je volerai vers la montagne, et je me reposerai près de vous... » C'est l'Autel, c'est l'Eucharistie, c'est le ciel ici symbolisés.

Les saints Livres assimilent aussi l'Eglise à une cité sainte bâtie sur une montagne et que l'on découvre de toute part. Admirable figure de sa visibilité, de sa catholicité et de sa merveilleuse et immuable perpétuité.

Ce m'est donc bien permis, en considération de si magnifiques souvenirs, d'aimer un peu l'humble montagne au pied de laquelle s'est adossé et comme abrité mon village. Un quart-d'heure de marche me suffit pour en faire l'ascension. C'est toujours un rapprochement du ciel. Aussi les brises y sont-elles plus pures, plus vivifiantes. C'est un souffle puissant qui pénètre jusqu'à l'âme... M'y voici parvenu. Je l'éprouve bien en ce moment. Comme l'âme ici se dilate! quel air libre! quelle pure atmosphère! comme on y boit la vie! Oh! c'est ici que je veux prendre plaisir à me reposer et méditer! c'est ici, mon Dieu, que je veux m'élever à vous, que je veux vous respirer avec plus de liberté, plus de paix, plus de sérénité, plus de force.

Un saint docteur nous dépeint ainsi quelque part les plaisirs élevés et les saintes voluptés de la vertu :

« L'âme du juste est semblable au sommet d'une montagne, où le vent est léger, où se jouent les rayons d'une pure lumière, où coulent des eaux limpides ; là naissent les fleurs les plus aromatiques ; là s'élèvent les plus beaux arbres ; le zéphir en caresse doucement les rameaux, et les eaux qui tombent en cascade font entendre les bruits les plus ravissants. »

C'est ainsi que Dieu a tout écrit dans le livre de la nature, tout y est pensée, tout y est symbole, les attributs divins s'y traduisent partout. Cette nature n'est si belle que pour que nous entrevoyons la beauté suprême, elle n'est si bien ordonnée que pour que nous nous confions pleinement en sa Providence et son amour... Oh ! que les saints savaient lire d'admirables choses dans ce livre écrit par le doigt de Dieu avec des étoiles et des fleurs ; des soleils et des grains de sable, des graminées des forêts, des monts et des fleuves ! Il ne faut que vous aimer et vivre de votre esprit, ô mon Dieu, pour que tout vive autour de nous et nous parle de vous...

Oui, lorsque les fils du mensonge exilent Dieu de sa création pour faire descendre la nuit sur cette nature si belle, le Dieu qu'ils renient resplendit dans toutes les gloires dont il a marqué chacune de ses œuvres, et le chœur de tous les êtres, à tous les degrés de l'échelle sans fin redit l'éternel cantique : C'est Lui ! c'est Lui ! Partout c'est Lui! c'est toujours Lui !...

Salut, principe et fin de toi-même et du monde,
Toi qui rends d'un regard l'immensité féconde.
Ame de l'univers, Dieu, Père, Créateur,
Sous tous ces noms divers je crois en toi, Seigneur ;
Et sans avoir besoin d'entendre ta parole,
Je lis au front des cieux mon glorieux symbole.
L'étendue à mes yeux révèle ta grandeur;
La terre, ta bonté; les astres, ta splendeur.
Tu t'es produit toi-même en ton brillant ouvrage !
L'univers tout entier réfléchit ton image,
Et mon âme à son tour réfléchit l'univers.
Ma pensée, embrassant tes attributs divers,
Partout autour de toi te découvre et t'adore,
Se contemple soi-même, et t'y découvre encore :
Ainsi l'astre du jour éclate dans les cieux,
Se réfléchit dans l'onde et se peint à nos yeux.

C'est peu de croire en toi, bonté, beauté suprême ;
Je te cherche partout, j'aspire à toi, je t'aime !
Mon âme est un rayon de lumière et d'amour,
Qui, du foyer divin détaché pour un jour,

De désirs dévorants loin de toi consumée,
Brûle de remonter à sa source enflammée.
Je respire, je sens, je pense, j'aime en toi !
Ce monde qui te cache est transparent pour moi ;
C'est toi que je découvre au fond de la nature,
C'est toi que je bénis dans toute créature...

Premières méditations de Lamartine.

L'AURORE ET L'ANGELUS DU MATIN.

—

Quelques minutes encore, et se montrera le plus beau des soleils. Voici l'aurore qui le précède, tous les sommets des montagnes se couronnent d'une teinte de rose ; le dôme des forêts s'illumine; tout s'apprête à saluer dans l'astre roi du jour, la plus éclatante image des bontés et des magnificences du Seigneur. Que de grandeur et de richesse dans cet ensemble ! Que vous êtes admirable, Seigneur, dans les spectacles toujours anciens et toujours nouveaux, que nous donne tout ce magnifique univers.

Le soleil est une figure de Jésus-Christ sortant comme l'orient des profondeurs de la nuit, pour éclairer, vivifier, transfigurer le monde. Il s'est appelé lui-même par son prophète le soleil de justice, *orietur sol justitiæ.*

L'aurore qui précède le soleil est donc la figure de Marie. C'est à elle aussi, que s'applique cette parole du Cantiques des cantiques, *quasi aurora consurgens.*

« O Marie, vous êtes l'aurore, et, de même qu'autrefois vous avez annoncé Jésus-Christ au monde, de même c'est encore vous, qui précédez tous les jours sa divine lumière dans les âmes. C'est aux pieds de votre autel, c'est en invoquant votre saint nom que leurs premières ténèbres se dissipent. Quand elles commencent à vous aimer, elles sont déjà près d'aimer votre divin fils; et quand elles ont goûté le charme qui est en vous, ce charme n'est-il pas déjà celui de la piété chrétienne !... A Jésus par Marie; c'est la devise chérie des âmes. Elles sont comme la nature créée, qui ne passe à la clarté du grand jour, qu'après les aimables lueurs de l'aurore. «

(Mgr de la Bouillerie.)

En ce moment s'élevait du clocher de mon village, la douce et poétique voix de l'Angelus.

« Salut donc, véritable aurore, mère du véritable jour; salut vraie étoile des cieux, éternelle fleur de la terre, pur encens !

» Salut, beauté; salut, Vierge; salut, Mère ; salut, douceur ! salut au temple, salut à la crèche, salut au seuil de Nazareth, salut au Calvaire, salut au Cénacle , salut dans les cieux !

» Tu ne détournes pas ta main de l'enfant malade, tu ne détournes pas tes regards de l'enfant indocile, tu ne peux pas même détourner à jamais ton cœur de l'enfant souillé. Entre la faute et le châtiment ta bonté s'interpose.

» Tu ranimes la foi dans nos cœurs, tu n'y laisses pas périr l'espérance; tu retiens le bras de Dieu prêt à frapper: nous t'appelons, tu viens ; nous tendons les mains, tu nous sauves. (Louis Veuillot.)

Angelus Domini.

LE LEVER DU SOLEIL.

—

Il paraît ! son disque de feu s'élève lentement, et verse à mesure qu'il monte des torrents de lumière. Toute la nature tressaille, les monts s'embrasent comme des autels pour un sacrifice.

Tout vit, tout s'écrie :
C'est lui, c'est le jour !

Et de tous les points de l'hémisphère s'élève un hymne à la gloire du Créateur...

O homme, c'est toi surtout qui doit louer, rendre grâce et bénir, car pour toi sont ce firmament, ce soleil, cette terre et ses merveilles, pour toi qui dois donner une âme, une pensée, un sens de louanges à toutes ces harmonies, un cœur à toutes ces voix. Tu es ici l'interprète intelligent et libre ; tu es le pontife de cette création, ne rendant à Dieu qu'une gloire servile, celle que l'ouvrage rend à l'ouvrier parce qu'elle n'entend pas ce qu'elle dit, qu'elle ne sent pas ce qu'elle doit.

Ce monde visible n'est qu'un vestibule à demi éclairé des splendeurs qui incendient et inondent le temple. C'est de l'homme de dépasser ce fini, de pénétrer jusqu'au sanctuaire infini, jusqu'à la majesté sainte de Dieu, pour lui offrir l'encens de toutes les créatures.

Et tandis, ô mon Dieu, qu'aux yeux de ton aurore
Un nouvel univers chaque jour semble éclore,
Et qu'un soleil flottant dans l'abîme lointain
Fait remonter vers toi les parfums du matin,
D'autres soleils cachés par la nuit des distances,
Qu'à chaque instant là-haut tu produis et tu lances,
Vont porter dans l'espace à leurs planètes d'or
Des matins plus brillants et plus sereins encor.
Oui l'heure où l'on t'adore est ton heure éternelle;
Oui chaque point des cieux pour toi la renouvelle,
Et ces astres sans nombre épars au sein des nuits
N'ont été par ton souffle allumés et conduits
Qu'afin d'aller, Seigneur, autour de tes demeures,
L'un l'autre se porter la plus belle des heures,
Et te faire bénir par l'aurore des jours,
Ici, là-haut, sans cesse, à jamais, et toujours.

Oui, sans cesse un monde se noie
Dans les feux d'un nouveau soleil.
Les cieux sont toujours dans la joie ;
Toujours un astre a son réveil ;
Partout où s'abaisse ta vue
Un soleil levant te salue ;
Les cieux sont un hymne sans fin !
Et des temps que tu fais éclore,
Chaque heure, ô Dieu, n'est qu'une aurore,
Et l'éternité qu'un matin !

(*Harmonies de Lamartine.*)

LES PERLES DE LA ROSÉE.

—

Le soleil naissant vient d'étoiler toutes les herbes qui tapissent la terre : ce sont des myriades de diamants qui cintillent à mes pieds. Que tu es belle en ce moment, fraiche et tendre rosée des nuits sereines et calmes ! comme tes perles célestes semblent se montrer souriantes et heureuses, de réfléchir l'éclat et les beautés de l'astre qui les colore !

Charmantes goutelettes de rosée, petites créatures du bon Dieu, vous me conviez aussi à de pieuses pensées.

C'est un simple regard du soleil qui a si bien illuminé, diamanté tous ces petits mondes. Ce qu'il a fait à mes pieds, il l'a fait au loin, à cent lieues d'ici ; il l'a fait sans fatigue partout ou vient de tomber son regard admirable, image de la toute-puissance et de l'immensité divine, qui d'un regard, dont le soleil n'est que l'ombre, pénètre en même temps dans tous les cœurs, dans les moindres pensées de ses millions de créatures ; qui d'une simple vue embrasse, voit, fait toutes choses et gouverne ce monde dans l'immense variété des plus petits détails.

Ces perles de rosée me font ressouvenir aussi de la rosée de la grâce qu'attire la prière. Oh ! comme l'âme flétrie au vent desséchant de la terre se retire forte et courageuse sous l'action vivifiante de cette rosée céleste ! Mais, hélas ! lorsqu'une nuit suffit pour déposer une goutte de rosée dans le calice d'une fleur, souvent notre vie toute entière s'écoule sans qu'il entre dans notre cœur nne goutte de véritable amour de Dieu. Nous aimons toujours si mal parce que nous faisons si peu pour alimenter la flamme divine, ou l'attirer par l'esprit de sacrifice dont elle est le prix.

La soleil, en devenant plus fort, va tout à-l'heure aspirer toutes ces gouttes de rosée. O Seigneur, pénétrez-moi de même de votre grâce, faites que je vous aime, et que vous étant parfaitement uni par cet amour, je puisse dire avec votre apôtre et tous vos vrais disciples : *vivo, jam non ego : vivit verò in me Christus.* Je vis, mais non plus moi, c'est Jésus-Christ qui vit en moi.

GLORIA IN EXCELSIS DEO.

—

C'était l'heure prochaine du saint sacrifice de la messe. Voulant avoir le bonheur d'y assister, je me hâtai de descendre de ma montagne tout en me préparant par quelques bonnes pensées à l'acte le plus auguste de notre sainte religion.

Les cieux, me disais-je, racontent la gloire de Dieu, *cœli enarrant gloriam Dei.* Toutes les harmonies proclament sa puissance et sa sagesse, mais n'ont d'autre cœur pour louer et rendre grâce, que celui de la créature intelligente, ayant seule une pensée pour admirer, et un cœur pour aimer.

D'autre part, pour que le cœur de l'homme aimât Dieu dignement, l'honorât pleinement, pour que le fini s'élevât par la louange et l'amour jusqu'à la hauteur de l'Etre infiniment adorable et aimable, il fallait à l'homme l'intermédiaire du fils de Dieu fait homme, revêtu, comme homme, d'une nature adorante, et, comme Dieu, digne, digne adorateur de Dieu. Jésus-Christ divinise ainsi dans lui toutes les adorations des créatures. En s'inclinant devant son père, il incline le monde d'une inclination qui rend à son auteur une gloire infinie; et nous-mêmes devenant par sa grâce *participants de la nature divine*, nous devenons comme autant de christs, nous élevant dans Lui et par Lui jusqu'au Très-Haut pour dignement glorifier son éternelle et infinie majesté.

Tel devait être le magnifique accomplissement du plan

de Dieu qui avait fait toutes choses pour sa gloire, les avait faites par son Verbe, ministre de création et les voit remonter à lui par ce même Verbe devenu, comme Christ, le réparateur et le médiateur de l'homme, et dans l'homme de toutes les créatures.

Aussi les anges firent-ils entendre, à la naissance du Sauveur, ce beau chant du *Gloria in excelsis*, que depuis dix-huit siècles n'a cessé de redire l'universelle assemblée des enfants de l'Eglise.

Bossuet, revêtant ces hautes vérités de la majesté oratoire de son génie, les a présentées ainsi, dans un de ses sermons sur l'Annonciation :

« Je voulais, messieurs, vous représenter que Dieu, pour rappeler toutes choses au mystère de son unité, a établi l'homme, le médiateur de toute la nature visible, et Jésus-Christ Dieu-Homme, seul médiateur de toute la nature humaine. Toute la nature veut honorer Dieu, et adorer son principe, autant qu'elle en est capable : la créature insensible, privée de raison, n'a point de cœur pour l'aimer, ni d'intelligence pour la connaître. Ainsi, ne pouvant connaître, tout ce qu'elle peut, dit saint Augustin, c'est de se présenter elle-même à nous pour être du moins connue et nous faire connaître son divin Auteur... C'est ainsi qu'imparfaitement et à sa manière elle glorifie le Père céleste. Mais afin qu'elle consomme son adoration, l'homme doit-être son médiateur; c'est à lui à prêter une voix, une intelligence, un cœur tout brûlant d'amour à toute la nature visible, afin qu'elle aime en lui et par lui la beauté invisible de son Créateur... Mais ce médiateur de la nature visible avait lui-même besoin d'un médiateur. La nature humaine peut bien aimer, mais elle ne peut aimer dignement. Il fallait donc lui donner un médiateur aimant Dieu, comme il est aimable, adorant Dieu, autant qu'il est adorable, afin qu'en lui et par lui nous pussions rendre à Dieu, notre Père, un hommage, un culte, une adoration, un amour digne de Sa Majesté. C'est, messieurs, ce médiateur qui nous est formé aujourd'hui par le Saint-Esprit, dans les entrailles de Marie. Réjouis-toi, ô nature humaine! tu prêtes ton cœur au monde visible pour aimer son Créateur tout-puissant; et Jésus-Christ te prête le sien pour aimer dignement celui qui ne peutêtre dignement aimé que par un autre lui-même. »

Eh bien, le grand mystère d'amour de la médiation de Jésus-Christ accompli par son incarnation, sa vie, et sa mort se renouvelle et continue par le divin sacrifice de nos autels, qui est une perpétuelle oblation de Jésus-Christ à son père, et des créatures s'unissant à Jésus-Christ pour adorer et remercier, satisfaire la justice divine et demander toutes grâces.

C'est ce que l'Eglise catholique résume et professe dans ce chant vraiment sublime du saint sacrifice de la messe qu'on appelle la *Préface*, et qu'on pourrait appeler le chant de la création, où le prêtre, sur le point d'offrir à Dieu le saint sacrifice, hausse la voix pour élever nos esprits vers le ciel, *sursùm corda* ! Et, après que nous lui avons répondu que nos cœurs sont à l'unisson, *habemus ad Dominum* ! et que, comme lui, nous sommes prêts à louer Dieu, *dignum et justum est* ! reprend et entonne ce chant de louange au Dieu tout-puissant et éternel, par le Christ notre Seigneur, par lequel, dit-il, *per quem*, les anges louent sa majesté, les dominations l'adorent, les puissances tremblent, les cieux des cieux, avec leurs vertus et leurs séraphins, tressaillent d'une même acclamation, et nous avec eux, ne faisant sous le même chef qu'un même chœur de louanges, *cum quibus et nostras voces ut admitti jubeas deprecamur*, nous disons à Dieu : *Sanctus, sanctus, sanctus, pleni sunt cœli et terra gloria tua*. Les cieux et la terre sont pleins, débordent de la gloire que Dieu avait en vue quand il les a créés, et qu'ils ne peuvent lui rendre que par le seul Pontife du Très-Haut, le Christ.

Un humble religieux dominicain, Henri Suzo, chantant un jour la préface, éprouva le sentiment que je viens d'indiquer, jusqu'à paraître ravi en extase aux yeux des fidèles. Ceux-ci, lui ayant ensuite demandé la cause de cet état, il leur en donna cette explication naïve et presque sublime : « Je contemplais en esprit tout mon être, mon âme, mon corps, mes forces et mes puissances, et autour de moi toutes les créatures dont le Tout-Puissant a peuplé le ciel, la terre et les éléments, les anges du ciel, les bêtes des forêts, les habitants des eaux, les plantes de la terre, le sable de la terre, le sable de la mer, les atômes qui volent dans l'air aux rayons du soleil, les flocons de neige, les gouttes de la pluie et les perles de la rosée. Je pensais que jusqu'aux extrémités les plus reculées du monde, toutes les créatures obéissent à Dieu et contribuent autant qu'elles peuvent à cette mystérieuse harmonie qui s'exerce sans cesse pour louer et benir le Créateur. Je me figurais alors être au milieu de ce concert comme un maître de chapelle; j'appliquais toutes mes facultés à marquer la mesure; j'invitais, j'excitais, par les mouvements les plus vifs de mon cœur, les plus vifs de mon âme à chanter joyeusement avec moi : *Sursùm corda* : *Habemus ad Dominum*; *gratias agamus Domino Deo nostro*; Elevez nos cœurs! nous les avons vers le Seigneur; rendons mille grâces au Seigneur notre Dieu, etc. (Vie du bienheureux Henri Suzo.) Charmante et sublime idée qui fait ainsi des battements du cœur de l'homme comme la mesure du grand concert de la création. Mais l'homme a beau élever son cœur et provoquer tous ceux des êtres qui peuplent la nature, il lui faut, pour se faire écouter de la création, pour se faire écouter de Dieu, prendre le diapason et comme le *medium* du cœur de Jésus-Christ, par qui seul les anges eux-mêmes louent la majesté de Dieu et la glorifient. (Aug. Nicolas.)

LA VALLÉE.

—

Le soleil a pris de la force, et mon âme aussi s'est fortifiée dans la prière, et mon corps dans un repas doux et champêtre. Le ciel est magnifique, l'air, plein d'aròme, de fraîcheur et de limpidité. Je veux me donner un jour de fête; je veux tout ce jour vivre au milieu des parfums de la belle nature, parmi ses herbes et ses fleurs, avec les petits oiseaux, sur le bord des fontaines, à l'ombre des hauts peupliers et des saules pensifs. Je veux me plonger à mon aise dans cet air, cette lumière, cette verdure, cet océan de végétation qui inonde en ce moment la terre.

Dirigeons donc vite d'abord notre promenade vers notre vallée toujours si belle, si remplie de mystères, de calme et de fraicheur.

J'aime les vallées profondes, leurs étroits sentiers et

leurs petits ruisseaux, l'ombre qui les couvre et les coteaux qui les encadrent dans leurs gracieux contours. J'aime leur paix, leurs murmures, leurs doux silences...

Ah ! c'est là qu'entouré d'un rempart de verdure
D'un horizon borné qui suffit à mes yeux,
J'aime à fixer mes pas, et seul dans la nature,
A n'entendre que l'onde, à ne voir que les cieux.

(*Méditations-Lamartine.*)

Oui, c'est bien le vallon ! le vallon calme et sombre !
Ici l'été plus frais s'épanouit à l'ombre.
Ici durent long-temps les fleurs qui durent peu.
Ici l'âme contemple, écoute, adore, aspire,
Et prend pitié du monde, étroit et fol empire
Où l'homme tous les jours fait moins de place à Dieu !

(V. Hugo.)

Les vallées, dans les saintes Ecritures, symbolisent souvent l'humilité. Dieu, qui se donne aux humbles, y fait couler d'abondantes eaux, figures de la grâce, et y fait fleurir ses plus belles fleurs, images des vertus qu'elle produit. « Toute âme juste qui est humble ressemble à une vallée, dit saint Bernard. Si nous gardons l'humilité, nous germerons comme le lis et fleurirons éternellement devant Dieu. »

La vallée nous fait surtout penser au ciel, notre terre n'étant qu'un lieu d'exil, une *vallée de larmes*. « Ce qui serait désolablement triste, dit Eugénie Guérin, si le ciel ne couvrait la terre. Oh! les beaux mystères qui sont voilés là et qui nous attendent pour notre bonheur! Quand je lève les yeux en haut, je ne sais quelle joie m'en vient; mais c'est bien joie et vie surnaturelle qui me fait oublier l'autre ou du moins la supporter sans peine. Qu'est-ce que de souffrir un peu de temps en vue d'une éternelle félicité; qu'est-ce qu'une goutte amère pour un océan de délices? Et ceci ce n'est pas comme les trompeurs espoirs des hommes, c'est une promesse divine. Oh! le bon ami que Dieu! »

LE PEUPLIER.

—

Je venais de m'asseoir à l'ombre d'un peuplier qui, seul sur une légère éminence dominant la vallée, semble emporter aux cieux dans sa prière toutes les hymnes de louanges qui s'élèvent de toute part autour de lui. Tout près jaillit en fontaine l'eau d'une source abondante. Le pinson, le chardonneret, la fauvette chantaient en ce moment sur ma tête, et sous le souffle des vents, l'arbre obélisque rendait par toutes ses feuilles tremblantes des accents qui semblaient empruntés au gazouillement des oiseaux et au bruissement de la source; tandis que les rayons du soleil se tamisant à travers les hautes branches, semblaient ne vouloir arriver jusqu'à moi que pour m'apporter les plus doux rêves.

J'élevai vers Dieu tout mon cœur et, me faisant le maître et l'interprète du chœur immense qui s'élevait de tous les points du temple, je redis dans un pieux ravissement le magnifique cantique de Daniel :

Benedicite, omnia opera Domini, Domino... Benedicite, cœli, Domino... Benedicite, sol et luna, Domino... Benedicite, universa germinantia in terra, Domino... Benedicite, fontes, Domino... Benedicite, omnes volucres cœli, Domino... Laudate et superexaltate eum in secula.

Toutes les œuvres de Dieu, bénissez le Seigneur; cieux, soleil et lune, montagnes et collines, sources et fontaines, plantes et volatiles, bénissez le Seigneur, louez-le, exaltez le dans tous les siècles.

Le peuplier est une vivante image de la prière qui, comme lui, s'élève dans la nue et va chercher aux cieux la vigueur et la force de nos âmes.

« Si je cherchais dans la nature extérieure, dit madame Swetelsine, une image qui rendît sensible l'état d'un cœur fidèle, je m'arrêterais de préférence au peuplier.

» Le peuplier est l'image du chrétien; son tronc dépouillé est sans défense contre les éléments, et ses racines, légèrement recourbées sous le gazon, ne demandent à la terre que peu de substance. Sa tige, droite et unie, s'élance d'un seul jet vers les cieux ; ses branches se pressent autour d'elle suppliantes et les bras levés comme la prière.

» Le peuplier cherche les eaux vives, le chrétien s'y désaltère ; le moindre souffle des airs émeut la feuille du peuplier, comme s'émeut le chrétien aux plus légers mouvements de la grâce, et la mélodie de son feuillage, unie au frémissement des roseaux et de l'onde, n'est surpassée que par le chant de douce et ineffable allégresse qui s'échappe sans cesse du cœur chrétien, hymne que la nature commence et que l'amour achève.

» Tous deux verdissent jusqu'à leur sommet, mais le peuplier en attendant qu'il décroisse et qu'il tombe, le chrétien puisant plus de force et de vie à mesure qu'il approche de ses immortelles espérances.

MÉDITATION.

—

Quel beau ciel et quel charmant paysage ! quel poétique horizon ! que de vie tout autour de moi ! que d'indescriptibles beautés dans cette création si riche, si variée, si palpitante partout de scènes et de mystères ! Oh ! il y a là des harmonies et des grandeurs que la langue est impuissante à exprimer.

Si les beautés créées sont telles, que doit-ce donc être de la beauté incréée ? que doit être le Dieu qui les a produites, qui les a fait naître ?...

Il a dit dans les Saintes Ecritures : *La beauté des champs est à moi* ; et toutes ses œuvres manifestent et publient ses grandeurs, et toutes proclament que celui qui les a faites est incomparablement plus beau parce qu'il est la beauté dans sa source, sa perfection, son essence.

Oh ! il a bien, ce Dieu, tout ce qui est nécessaire pour ravir notre admiration, pour captiver notre amour ! « Que ne goûtera point celui qui vous goûte ? lui dit l'auteur de l'*Imitation*, et que trouvera d'agréable celui qui ne vous goûte pas ? »

Les créatures ont été faites pour nous, mais nous sommes faits pour Dieu qui, seul, est assez grand pour remplir toute l'immensité de notre âme, seul, est assez puissant pour en satisfaire tous les désirs. « O beauté souveraine, incréée, dont toutes les beautés ne sont que des étincelles ! s'écrie saint Augustin, qu'on ne me propose pas les magnificences de vos ouvrages, ce ne sont que vos œuvres et non pas vous, et ce n'est que vous seul que je désire connaître et aimer. »

Cet amour de la beauté infinie est dès ce monde notre plus haute science, notre plus grande richesse, notre plus grand bonheur ; sa possession dans l'autre vie est l'éternelle félicité...

O infinie lumière, infinie puissance, infinie sagesse, infinie majesté, infinie beauté, nous vous verrons alors dans votre splendeur vivante, dans la manifestation incompréhensible de tous vos divins attributs !... O bienheureuse demeure de la cité céleste !... Quand me sera-t-il donné, Seigneur, de contempler votre gloire? Quand serai-je avec vous dans le royaume que vous avez préparé de toute éternité à vos élus? Cet exil est bien long. Quand viendra le moment de s'envoler vers la patrie!...

Et j'entonnai au milieu de toutes les œuvres de la création le beau chant du prophète qui revient si souvent sur les lèvres des enfants de l'Eglise : *Lætatus sum in his quæ dicta sunt mihi : in domum Domini ibimus.* Je me suis senti transporté d'allégresse à cette parole heureuse : Nous irons dans la maison du Seigneur.

VOIX ET PARFUMS DE LA NATURE.

—

C'est un admirable concert que celui que fait entendre la nature à son réveil. Voici près d'une heure, qu'ont éclaté ses premières notes, et toujours plein d'animation, il me ravit encore. C'est la feuillée, c'est le vent, c'est le ruisseau, c'est l'abeille, c'est le gramen et la mousse qui ont des voix et qui chantent. Ce sont mille gazouillements, mille bruits, mille murmures interrompus quelquefois par des silences ineffables, puis qui recommencent et s'enchaînent assortis comme les couleurs dont s'embellit la nature. Quelle symphonie sublime, quel hymne immense, mystérieux à la louange du Créateur, suprême auteur de la vie, maître et conservateur de tout cet univers! Il est sainteté, lumière, justice, vérité, chante le ciel; il est bonté, compatissance, amour, reprend la terre.

Et à ce concert universel se mêlent les flots d'arome qu'épanchent au sein des airs les arbres et les gazons, les buissons, les bruyères et les fleurs. C'est la nature exhalant par tous ses végétaux des senteurs pures et vivifiantes qui pénètrent par tous les sens. Oh! le bel encensoir que celui de la nature! Il n'y a que le cœur de l'homme juste exhalant l'adoration, le sacrifice et l'amour qui puisse faire monter vers les cieux un encens plus suave.

Jésus-Christ est le parfum de Dieu; et les saints, les élus, toutes les âmes fidèles de l'Eglise sont le parfum de Jésus-Christ. *Christi bonus odor sumus Deo.* C'est pour symboliser la diffusion de ce divin parfum dans les âmes que l'Eglise mèle le baume à l'huile sainte qu'elle répand sur ses enfants dans l'administration des sacrements de baptême, de confirmation, d'extrême-onction et d'ordre.

Heureuse l'âme qui court à l'odeur des divins parfums de Jésus-Christ! Heureux encore le pauvre pécheur qui, ramené par la grâce, embaume, comme Madeleine, des parfums de son repentir les pieds de son Sauveur!

Les anges, est-il dit dans la sainte Ecriture, présentent à Dieu des coupes d'or pleines de parfums qui sont les prières des saints. La prière est bien aussi le parfum qui s'élève de notre âme jusque vers le trône de Dieu.

Que ma prière, que ma louange, que mon amour s'élève donc, Seigneur, comme l'encens en votre présence. *Dirigatur oratio mea sicut incensum in conspectu tuo.*

LES ARBRES.

—

Les arbres, en nous donnant leurs fruits pour nourriture et leur bois pour construire nos habitations et nous défendre des rigueurs de l'hiver, tiennent rang parmi les plus utiles végétaux; ils sont aussi les plus beaux ornements de la création, ils forment les plus majestueux décors du paysage de Dieu.

Je vois ceux-ci s'élancer dans la nue pour attirer au ciel nos regards, et ceux-là s'étaler en rideaux ou s'arrondir en dôme impénétrable aux rayons du soleil pour charmer notre vue, recueillir nos pensées, abriter nos repos et protéger nos méditations.

Quelle variété dans leur port et leur physionomie! Celui-ci s'élève jusque dans les cieux comme pour y porter sa prière; cet autre penche sa tête vers la terre comme pour lire et méditer. Ce marronnier se fait admirer par sa structure colossale et sa grandeur tranquille, cet orme par son énergique carrure et sa morne austérité, ce chêne par sa hauteur suprême et sa puissance séculaire, ce hêtre par l'abri plein de charmes qu'offre son épaisse toiture ce saule par la molle et douce mélancolie dont il se pare, ce platane et ce tilleul par leur beau feuillage et leur ample cîme arrondie distribuant au loin l'ombre et la fraîcheur.

Le chantre des *Méditations* a dit en parlant du chêne :

Les sillons, où les blés jaunissent
Sous les pas changeants des saisons,
Se dépouillent et se vêtissent
Comme un troupeau de ses toisons ;
Le fleuve naît, gronde et s'écoule ;
La tour monte, vieillit et s'écroule ;
L'hiver effeuille le granit ;
Des générations sans nombre
Vivent et meurent sous son ombre ;
Et lui ? Voyez, il rajeunit

Son tronc que l'écorce protége,
Fortifié par mille nœuds,
Pour porter sa feuille ou sa neige
S'élargit sur ses pieds noueux ;

Ses bras que le temps multiplie,
Comme un lutteur qui se replie
Pour mieux s'élancer en avant,
Jetant leurs coudes en arrière,
Se recourbent dans la carrière
Pour mieux porter le poids du vent.

Et son vaste et pesant feuillage,
Répandant la nuit alentour
S'étend comme un large nuage,
Entre la montagne et le jour;
Comme de nocturnes fantômes,
Les vents résonnent dans ses dômes :
Les oiseaux y viennent dormir,
Et pour saluer la lumière
S'élèvent comme une poussière,
Si sa feuille vient à frémir.

La nef dont le regard implore
Sur les mers un phare certain,
Le voit tout noyé dans l'aurore,
Pyramider dans le lointain.
Le soir fait pencher sa grande ombre
Des flancs de la colline sombre
Jusqu'aux pieds des derniers coteaux.
Un seul des cheveux de sa tête

Abrite contre la tempête
Et le pasteur et les troupeaux.

L'homme est comparé dans les saintes écritures à l'arbre planté sur le bord des eaux, et Jésus-Christ nous dit que tout homme est semblable à un arbre qui se fait connaître par ses fruits. « Tout arbre bon produit de bons fruits ; et tout arbre mauvais, de mauvais fruits. Tout arbre qui ne produit pas de bons fruits sera coupé et jeté au feu. » Arbres plantés par la main de Dieu, portons donc des fruits de vie ; la hache du souverain juge est à la racine de chacun de nous, et tels nous tomberons, tels nous serons jugés pour toujours. *In quocumqueloco ceciderit, ibi erit.*

C'est au pied d'un arbre, celui de la science du bien et du mal, qu'Adam notre premier père nous perdit par son orgueil, c'est sur l'arbre de la croix qu'un nouvel Adam répara l'offense en satisfaisant, comme Dieu et homme, à la justice divine, et nous laissant dans l'appropiation de ses mérites plus de droits à la bonté de Dieu, que la faute originelle n'avait assumé sur nous de titres à sa colère...

Que de sublimes symboles nous offre donc la nature ! que de souvenirs elle peut nous rappeler de ce qu'il y a même deplus auguste dans nos croyances et nos mystères !

« L'arbre et la fleur commentent l'Evangile » a dit un poète.

Encore une douce réminiscence. Je vais aller en pensée m'agenouiller à l'ombre de ce chêne vénéré, près d'un autel consacré à *Notre-Dame de la Paix*.

» Parmi les monuments du règne végétal qu'on a consacrés à Marie, il n'en est aucun sur le vaste territoire de la France qui puisse le disputer en beauté au chêne d'Assouville dans le pays de Caux. La circonférence de ce vieil enfant de la terre est de trente quatre pieds au-dessus de ses racines et de vingt-six à hauteur d'homme, il affecte la cîme large et évasée du cèdre, et ses vastes rameaux qui naissent du tronc à huit pieds de sa base, s'étalent horizontalement de manière à couvrir un grand espace de terrain. L'intérieur de l'arbre est creux dans toute sa longueur. Les parties centrales étant détruites depuis plusieurs siècles, ce n'est que par son écorce et les couches intérieures de l'aubier qu'il subsiste encore : il se couvre de glands chaque année, et se pare d'un épais feuillage. On a pratiqué dans le creux de ce chêne, qui date au moins de neuf cents ans et qui a vu tomber les forêts druidiques, une charmante petite chapelle revêtue de marbre, et dont l'image de Marie décore l'autel. Une grille ferme ce sanctuaire sans dérober l'image sainte aux yeux du pèlerin et du voyageur. Au-dessus de la chapelle est une cellule, habitation digne de quelque nouveau stylite, où conduit un escalier en spirale qui tourne autour du tronc. Cette demeure aérienne, couverte d'un toit en pointe, forme un clocher surmonté d'une croix en fer, qui s'élève d'une manière pittoresque au-dessus des branches du chêne.

» A certaines fêtes de l'année, et surtout à la fête patronale, la chapelle sert aux cérémonies du culte, et les populations des villages voisins se rendent en foule aux pieds de la vierge gauloise, qui semble les envelepper maternellement sous son frais manteau de verdure. Ces bonnes gens aiment leur madone, et l'ont bien prouvé. A l'époque désastreuse où tout ce qui tenait au culte était proscrit, où la moindre manifestation du catholicisme était punie de mort, une troupe de révolutionnaires marcha belliqueusement vers Assouville, dans l'intention avouée de brûler le chêne séculaire avec la Vierge qu'il abritait. Les paysans de Normandie, quoique bien moins susceptibles d'enthousiasme que les Bretons, se réunirent en armes sous le chêne et repoussèrent si vivement les républicains, que ceux-ci en furent pour la honte de leur tentative manquée.

» Au fort de la terreur, quand les chants pieux avaient cessé sur tous les points de la terre de France, quand un peuple égaré, adorant Marat sur l'autel du Christ, vociférait : *Il n'y a plus de saints, plus de Dieu, plus d'âme immortelle* ! on voyait s'élancer du milieu des rameaux noueux du chêne d'Assouville, la croix de fer de l'ermitage, et on lisait encore sur le frontispice de la chapelle cette inscription calme et touchante : *A Notre-Dame-de la Paix.* » (*La vierge.*)

O Marie, douce et miséricordieuse pacificatrice des âmes, priez pour nous pauvres pécheurs, maintenant et à l'heure de la mort. Ainsi soit-il.

LES FLEURS.

—

J'aime les fleurs, et sans dédaigner celles de nos jardins, je leur préfère souvent celles de nos campagnes. Celles-là, moins soignées, moins dorlotées, moins adulées ne sont pas comme ces grandes dames de nos parterres, difficiles, exigeantes, fières et prétentieuses, mais toujours contentes, douces, naïves et modestes. C'est la vraie patrie des fleurs que la campagne; c'est-là qu'elles sont nées et qu'elles vivent dans leur beauté la plus pure.

Avec quelle merveilleuse et intelligente profusion Dieu n'a-t-il pas semé partout ces charmants trésors de la nature !

Pour n'en rappeler que quelques-unes, c'est, dans les haies, l'églantine, la clématite, le volubilis, l'aubépine, le chèvre-feuille, sur la lisière des bois, la violette, le myosotis, la pervenche; dans les terres agrestes, accidentées, le thym, le serpolet, les fleurs de bruyères et de genêt; dans les champs de blé, le bluet et le coquelicot; au pied des collines, le glayeul; sur le bord des ruisseaux, l'iris, le narcisse; sur les vertes eaux, le nénuphar; dans les près, le bouton d'or, le muguet ou lis des vallées, la paquerette ou marguerite.

Les fleurs, nous les aimons, enfants, jeunes gens et vieillards. Eh ! qui ne les aimerait pas? Elles sont, entre toutes les belles choses créées, les plus innocemment belles et les plus célestes choses entre les choses fragiles et périssables. Elles étoilent notre terre et toujours avec bonheur tournent vers l'homme leurs têtes radieuses. Elles nous disent assurément mille belles choses que nous ne savons pas entendre. Emblêmes divins, elles sont comme l'alphabet du beau livre de la nature.

Autrefois, avant qu'une science matérialiste eût substitué de vains noms aux célestes appellations que la piété avait données à toute plante, chaque fleur s'épanouissait sous l'invocation d'une vierge, d'un martyr. Celle-ci, si belle d'innocence et de pureté, se nommait la fleur de saint Louis-de-Gonzague; celle-là, toujours au bord des grottes humides, était la fleur de Madeleine; et cette autre qui s'élance de sa tige comme une flamme ardente, était la fleur de sainte Thérèse. Le nom si doux de Marie la fleur des fleurs qui fait au paradis les délices des anges, le détail de ses célestes traits, son sourire de vierge et son regard de mère, son voile, ses vêtements eux-mêmes furent surtout donnés à une multitude de plantes, celles aux calices les plus purs et les plus embaumés. Le grand mystère lui-même de ses douleurs et de celles de son divin fils eut aussi sa fleur. Toi qui éclos au jour de la mort de Jésus et qui portes encore dans ton calice les instruments de son martyre, le marteau, les clous, la lance, comme tu es bien nommée la fleur de la Passion! Ecoutons-la nous raconter son histoire :

Parmi les herbes du Calvaire
Je cachais mes modestes fleurs,
Lorsque le Sauveur de la terre
Expira parmi les douleurs.

J'enroulais mes vrilles flexibles
Autour de l'auguste poteau,
Pendant que des bourreaux horribles
Faisaient mourir le tendre Agneau.

Et du sang de sa main blessée
Une goutte teignit ma fleur ;
Ma corolle en fut traversée
Et perdit sa blanche couleur.

J'ai gardé la divine empreinte
De l'heure d'expiation ;
La divine agonie est peinte
Sur la *fleur de la Passion.*

Les Saints contemplant ma corolle,
Sentent leurs yeux mouillés de pleurs ;
Je suis pour eux une parole
Qui dit les divines douleurs.

Ma fleur retrace à leur mémoire
Le souvenir de tous ses coups ;
J'ai la couronne dérisoire
La lance, le fouet et les clous (1).

Je le sais, ma fleur solitaire
N'a point de charmes pour les yeux ;
Mais lui, mourant sur le Calvaire,
Paraissait-il le Roi des cieux ?

(1) Le disque urcéolé, bordé d'un cercle de filaments roses, pourpres ou violets, représente la *couronne d'épines;* le pistil est la *lance;* es trois styles, terminés chacun par trois stigmates, donnent les *clous;* les vrilles qui partent de la tige représentent le *fouet.*

Aussi, sans envie, à la rose
Je laisse son éclat si beau ;
Sa richesse au lis, qui repose
Mollement dans son blanc berceau.

Quand je dis l'heure solennelle
De divine expiation
Peut-il être une fleur plus belle
Que la *fleur de la Passion* ?

Le cardinal WISEMAN. (*Lampe du Sanctuaire.*)

Les fleurs aiment le soleil ; elles ont pour s'exposer à sa lumière de merveilleux instincts, des ruses indéfinissables. Elles frémissent de joie et palpitent d'amour sous ses rayons vivifiants. Dieu est à notre âme ce que le soleil est à la fleur. Oh ! que nous sommes dénués et tristes lorsque nous manque sa grâce ; que nous sommes, au contraire, heureux et forts lorsqu'elle nous enflamme de son saint amour !

Les premiers chrétiens couvraient de fleurs les restes des martyrs et en embaumaient l'autel des catacombes, et c'est en mémoire de ces antiques jours que nous les mettons dans nos temples et en parons nos tombeaux. Et puis les fleurs nous symbolisent les vertus des saints, elles font rêver aux joies immortelles du paradis.

Douces petites fleurs qui parez cette terre,
En vain vous embaumez les airs autour de moi;
En vain vous transformez mon exil en parterre;
Je ne puis vous chanter. Devinez-vous pourquoi?

Ah! c'est qu'en vous voyant nouvellement écloses,
Si riches de parfums, de grâce et de fraîcheur,
Je me prends à rêver au pays où les roses
Ne cachent point de dard sous un éclat trompeur...

Je me prends à rêver au pays de mon âme,
Où d'immortelles fleurs croissent sous l'œil de Dieu
Sans craindre l'ouragan à l'haleine de flamme,
Ni les vents froids du nord, ni les soleils de feu...

Je me prends à rêver à l'Eden de nos pères;
A ce beau paradis qui doit s'ouvrir pour moi,
Où mon regard perçant le voile des mystères,
Découvre les trésors que me promet ma foi!

Et vous brillez en vain, fleurs des terrestres plages,
Etoiles de l'exil, frêles splendeurs du temps!...
Quand j'entrevois vos sœurs des éternels rivages
Tout mon cœur monte au ciel, au ciel vont tous mes chants!

Car pourquoi chanterais-je à la terre où je pleure,
A ses charmes d'un jour, à ses fleurs d'unité,
L'hymne d'un cœur jaloux de fuir cette demeure,
D'un cœur fait pour le ciel et l'immortalité !..

ANGE VIGNE. (*Rosier de Marie.*)

Dieu qui a fait la nature si belle a fait des fleurs la plus ravissante parure de la nature. Sa sagesse leur a prodigué les grâces et l'élégance des formes, la variété des couleurs, la suavité des parfums.

Quelle forme élégante et quel frais coloris !
C'est l'azur, le rubis, l'opale, la topaze,
Tournés en globe, en frange, en diadème, en vase.
Les fleurs charment le goût, l'odorat et les yeux.

DELILLE.

Rien n'est riche, varié, parfait comme le brillant satin de quelques-unes, le moelleux velours de quelques autres. Les délicates panachures de leurs pétales, la suave harmonie des milles teintes dont leur corolle est ornée, la finesse et la transparence de leur tissu, la perfection de leur forme; voilà autant de choses que tous les efforts de l'art n'imiteront jamais.

Les fleurs nous charment et nous sont utiles. Elles fournissent à l'abeille son miel et aux malades des remèdes. Leur simple culture nous rend bons et aimables, inspirent le calme et la simplicité. Pourquoi donc ces fleurs si jolies, si utiles, si bonnes, durent-elles cependant si peu? Les plus belles des créatures devraient-elles être, hélas, les plus frêles. Dieu voulait ainsi nous apprendre que tout passe dans cette terre d'exil, et qu'il ne faut pas y attacher son cœur.

L'homme lui-même naît, comme la fleur, pour être vite foulé aux pieds, nous disent les Saintes Ecritures.

« On peut comparer à la fleur toute splendeur humaine, ajoute saint Augustin : richesse, puissance, honneur, beauté. Une maison, une famille entière s'épanouit comme la fleur. Combien dure cet éclat? Beaucoup d'années, dites vous. Ce temps vous semble long, et il est court devant Dieu. L'éclat de l'homme passe comme la fleur.

« Oh! que cela est vrai, reprend saint Jérôme, quand on considère attentivement la fragilité de la chair et la mobilité de la vie; celle-ci croît et décroît si vite, que le moment même où nous le disons est déjà une part de l'existence enlevée. L'enfant passe vite à l'adolescence, et il arrive insensiblement à la vieillesse, et l'homme s'aperçoit qu'il est vieux alors qu'il s'étonne de ne plus être jéune. Toute chair sèche comme le foin, toute beauté défaille comme la fleur de la prairie. Celui-là seul qui conserve en lui l'image de l'homme céleste qui est Jésus-Christ, et qui de jour en jour se renouvelle en devenant plus semblable à son modèle divin, celui-là seul verra sa chair mortelle se transformer en un corps immortel. »

Il n'y a donc que le juste qui fleurit éternellement devant le Seigneur. O lis des vierges, ô roses des martyrs, ô fleurs de toutes les vertus, ô âmes saintes et angéliques, que vous êtes belles et répandez de doux parfums dans le jardin de l'église, sous les rayons du divin soleil, qui est Jésus-Christ.

Saint François d'Assise admirait et louait avec effusion la beauté des fleurs, voyant en elles un reflet de la fleur impérissable et divine que Dieu fit épanouir sur la tige de Jessé.

O Jésus dont nous respirons le parfum dans les Sacrements, dans la méditation de votre vie et de vos souffrances, dans les vertus de vos saints et les œuvres de votre Eglise, entraînez-moi, ô fleur divine, à l'odeur de vos parfums ; faites que je coure avec amour dans la voie de vos commandements : *Trahe me post te, curremus in odorem unguentorum tuorum.*

LA ROSE.

—

De gracieux récits populaires disent que la rose fut créée blanche et conserva sa blaucheur primitive tant qu'Eve fut innocente, mais que du moment qu'Eve eut à rougir, elle prit la couleur rouge qui est celle de la pudeur.

Il y á toutefois, et dans toutes les nuances de couleurs, bien des variétés de roses, mais toutes sont belles. La rose est justement nommée la Reine des fleurs. On dirait que la nature s'est épuisée à lui prodiguer à l'envi la pureté des formes, le coloris et la grâce, l'éclat, le parfum et la fraîcheur.

Voyez naître la rose. Quelle magnificence Dieu donne à son berceau ! « Quand la tige est parvenue à la hauteur et à la force convenables, on voit se former à sa partie supérieure un petit bouton. Ce bouton renferme tout ce qu'il y a de plus précieux dans la plante. Aussi nous allons voir de quels soins tendres et multipliés la Providence l'environne. Elle le couvre d'abord de trois ou quatre enveloppes bien unies, bien serrées, afin de la protéger contre le froid, la chaleur, les insectes, les vents et la puie. La première de ces enveloppes est plus dure et offre plus de résistance; la seconde surpasse en finesse et en beauté la mousseline et la soie ; enfin la troisième, qui touche à la graine n'a rien qui lui soit comparable pour la délicatesse et la douceur. Elle est faite ainsi, afin de ne pas blesser la petite créature qu'elle renferme. A mesure que ce germe précieux grossit, les enveloppes s'élargissent; enfin elles s'ouvrent, mais non pas entièrement ni tout d'un coup, afin de ne pas exposer le petit nourrisson au danger de périr. Quand il est assez fort, toutes ces petites enveloppes de mousseline, tous ces tendres duvets sont écartés, ainsi qu'on écarte les langes qui emmaillottent un enfant.

» Lorsque l'enfant d'un roi vient au monde, on le

reçoit dans un berceau doré, on le place dans des appartements richement décorés, voilà ce que fait le bon Dieu pour l'enfant ou le fruit de la moindre plante. Des feuilles d'une douceur, d'une finesse, d'un moelleux inimitable, peintes des couleurs les plus belles, les plus variées et les plus agréables, lui servent de langes et de berceau. Autour de lui s'exhale le parfum le plus suave; c'est au milieu de cette demeure plus riche que les louvres des rois qu'il naît et qu'il grandit. Examinez tout cela de près, et si vous pouvez, défendez à vos lèvres de dire avec le divin Sauveur : Je vous assure que Salomon dans toute sa magnificence ne fut jamais si richement habillé. » (L'abbé GAUME.) *Catéchisme de persévérance.*

La rose était chez les anciens, comme elle est encore chez les modernes, l'emblème du plaisir. Aussi les impies ont-ils dit, dans l'égarement de leurs pensées et dans la malice de leur cœur : « Le temps de notre vie est court, la jeunesse passe vite... Ne laissons pas tomber la fleur du printemps, couronnons-nous de roses avant qu'elles soient fannées. *Coronamus nos rosis ante quàm marcescant.* »

Et c'est là de nos jours, comme ce sera dans tous les temps, le langage de ceux qui ne veulent vivre que des sens, vivre que pour le corps. Salomon avait dit comme eux : Livrons-nous aux plaisirs, plongeons nous dans les délices, ne nous refusons rien ; mais, détrompé, il accusa le rire d'être une folie, et il dit à la joie : Tu n'es qu'un mensonge et une déception.

L'antiquité païenne avait pris la rose pour insigne de ses sensuels bonheurs ; la religion chrétienne en pare ses autels ; l'église, au jour de sa Fête-Dieu, l'effeuille à pleines mains sur les pas triomphants de son divin Emmanuel, et parmi les plus gracieuses appellations qu'elle donne à Marie se trouve celui de rose mystique, *rosa mystica*. Marie est, en effet, la rose de la terre et du ciel, la fleur que le Seigneur s'est faite pour lui, fleur sans tache et sans épine qui devait faire les délices de Dieu, ravir les anges et embaumer le cœur des hommes des douceurs de son miséricordieux sourire.

O jeune rose épanouie
Près du tabernacle immortel,
Vierge pure, tendre Marie,
Douce fleur des jardins du ciel ;
O toi qui sais parfumer l'âme
Mieux que la myrrhe et le cinname

Et l'amour même du saint lieu;
O toi dont la grâce est l'empire,
Toi qui ramènes d'un sourire
Le pardon aux lèvres de Dieu;

Mère du Christ, reine de l'Ange,
Oh ! laisse tomber jusqu'à nous
Cette auréole sans mélange
Que nous demandons à genoux ;
Cette lumière intérieure
Qui fait que la vie est meilleure
Et le poids du siècle moins lourd;
Lumière féconde en délices,
Où le cœur boit à pleins calices
Les ivresses d'un pur amour!

Hélas! il est tant d'amertume,
Tant de douleurs à consoler,
Tant d'êtres qu'un chagrin consume
Et qui n'osent le révéler !
Leur existence est si troublée
Que la pierre du mausolée.
Brille à leurs yeux comme le port,
Et que, vaincus par la tempête,
Ils ne veulent poser la tête
Que sur l'oreiller de la mort.

O Vierge ! écoute leur prière,
Sois indulgente et souris-leur ;
N'abandonne pas sur la terre
Ces déshérités du bonheur ;
Sois leur appui, sois leur patronne.
Que ton bras sûr les environne
Et défende leur doux sommeil ;
Relève, relève Marie,
Chaque fleur mourante et flétrie
Qui n'a point de place au soleil.

Rends à l'exilé qui t'implore
Un ciel plus calme, un jour plus beau,
Et comme un reflet de l'aurore
Qui souriait à son berceau,
Rends à l'orpheline égarée
Un peu de cette paix sacrée,
Trésor d'en haut quelle n'a plus ;
Adoucit le fiel de ses larmes,
Et dans un songe plein de charmes
Fais-lui voir ceux qu'elle a perdus.

Et puis, sur cette route amère,
Où Dieu sème tant de combats,
S'il était une pauvre mère
Dont le fils ne revint pas,

Soutiens dans la longue détresse,
Soutiens l'enfant de sa tendresse
Qui marche avec peine et lenteur ;
Vierge sainte, Vierge divine,
Ne laisse pas croître l'épine
Dans le sentier du voyageur.
Et nous qu'un regret suit encore,
Quand nous te supplions bien bas,
Au nom de ce Christ qu'on adore
Et que tu berças dans tes bras,
O Vierge ! ô toi qu'un regret touche !
Laisse descendre de ta bouche
Un langage délicieux ;
O Rose ! entr'ouve tes corolles,
Et tes parfums et tes paroles
Nous ferons respirer les Cieux.

(*Turquety.*)

Saint Médard, évêque de Noyon, né à Salency, d'une illustre famille, institua, aux lieux de sa naissance, le prix le plus touchant que la tendre piété ait jamais offert à la vertu. Ce prix est une simple couronne de roses; mais, pour l'obtenir, il faut que toutes vos rivales, toutes les filles du village vous reconnaissent pour la plus soumise, la plus modeste et la plus sage. La sœur même de saint Médard fut nommée en 532, d'une commune voix, première rosière de Salency : Elle reçut sa couronne des mains du fondateur, et elle la légua, avec l'exemple de ses vertus, aux compagnons de son enfance. Les siècles qui ont renversé tant d'empires, qui ont brisé le sceptre de tant de rois, ont respecté la couronne de Salency : elle a passé de protecteur en protecteur sur le front de l'innocence ; puisse-t-elle couronner toujours et mériter le bonheur à toutes celles qui l'obtiendront.

Entre toutes les roses il en est une qui s'élève plus modeste, plus simple, et, ce semble plus virginale que les autres, c'est la rose primitive, la rose de l'églantier. Ses fleurs en très-grand nombre naissent à l'extrémité de petites branches lisses, d'un vert tendre et armées d'épines qui se renouvellent tous les ans. Rien n'est gracieux comme les arcs, les courbes de ces rameaux ; et la simple rose qui les pare se montre si pudique, si modeste ; elle a des nuances si tendres et une odeur si douce qu'elle a été chantée par tous nos poètes sans que son éloge ait jamais pu vieillir.

Voici une histoire vraie et dans laquelle l'humble églantine est au moins la rose préférée.

« Nous nous souvenons, dit un auteur, avoir vu représenter par des élèves une scène intéressante. Le théâtre était fait exprès, et les accessoires ne manquaient pas. Cela s'appelait le miracle des roses.

» Pour exécuter cette scène bien simple, il fallait d'abord mettre en campagne toute la bande joyeuse. C'était la grande moisson des églantiers. Mais les buissons sont si généreux! Les petites roses des bois offrent à chaque détour leur radieux visage. Et combien de ces étoiles blanches ou roses ou jaspées ne seront jamais vues, jamais regardées ! Elles sont voilées sous la sombre ramée, aussi rayonnantes, aussi parfaitement exécutées par la main divine, que si chacune d'elles devait-être examinée et admirée comme un chef-d'œuvre, et personne ne les aura vues ; mais Dieu les a semées sans compter comme il a semé les paquerettes dans les prés, les bluets dans les blés, les bons instincts dans les cœurs, les étoiles dans le ciel.

» Or, ce jour là, pas de grâce pour les églantiers. Oh ! la belle récolte ! Cueillez, cueillez, jeunes filles ! portez entre vos bras les gerbes d'étoiles blanches ; il en restera encore, il en restera toujours, Dieu donne sans compter.

» Mais la récolte est faite; la pièce va commencer, les spectateurs sont placés, les personnages sont dans les vertes coulisses...

» On voit d'abord sainte Elisabeth de Hongrie, suivie de ses femmes, distribuer aux pauvres et aux infirmes du pain et des vêtements en leur adressant des paroles consolantes. Les pauvres et les malades se retirent en la bénissant.

Au même instant paraît son auguste époux, réprésenté par une grande jeune fille à la démarche assurée; sa coiffure est ornée d'une branche de cyprès, une baguette de coudrier est sa puissante épée. Le landgrave parle haut, il reproche à Elisabeth ses prodigalités. Il se plaint de voir tous ses biens disparaître, et il recommande qu'à l'avenir aucune distribution de secours n'ait lieu sans son autorisation.

» Elisabeth plaide avec chaleur et d'une voix suppliante la cause de l'infortune. Son époux est inflexible et se retire en répétant ses ordres. Elisabeth, restée seule, déplore la sévérité cruelle du landgrave, et adresse une prière à Dieu pour qu'il daigne le rappeler à de meilleurs sentiments.

» Cependant une de ses femmes vient l'informer

qu'une bande de pauvres gens, ayant tout perdu dans l'incendie de leur village et mourant de faim, errent encore à la porte du château en demandant du pain.

» Mon Dieu ! dit Elisabeth, c'est encore vous qui me les envoyez. Vous ne voulez pas que je les laisse périr sans secours à la porte d'un château où règne l'abondance. Vous me pardonnerez peut-être de désobéir encore à mon époux. Je lui prouverai ma soumission en toute autre circonstance, et je me priverai de tout pour compenser cette libéralité.

» Puis elle ordonne à son page d'apporter une grande quantité de pain, de réunir adroitement tout ce qu'il en pourra trouver dans le château. Ses ordres sont exécutés, et ce pain est apporté aux pieds d'Elisabeth.

» Elle en remplit ostensiblement le pan de son manteau, elle ordonne à ses femmes d'en cacher sous leurs vêtements; puis, adressant encore une prière au Seigneur et passant derrière un buisson qui se trouve sur le côté du théâtre, elle regarde avec précaution si elle n'est pas observée et se dispose à sortir en donnant ordre à ses femmes de la suivre pour porter un prompt secours aux affligés.

» C'est alors que paraît de nouveau le terrible landgrave.

» Arrêtez, s'écria-t-il, vous vous préparez encore, je le sais, à transgresser, à mépriser mes ordres. La charité vous sert de prétexte pour manquer au premier de vos devoirs; mais, si vous avez osé me désobéir, redoutez mon ressentiment.

» Terreur générale. Les femmes restent immobiles et silencieuses.

» Que portez-vous encore dans votre manteau? dit d'une voix sévère le landgrave en s'adressant à une des suivantes qui paraît beaucoup plus chargée que les autres.

» Monseigneur, dit la suivante avec embarras, après avoir cherché le regard d'Elisabeth, ce sont... des roses que nous avons cueillies pour faire des parfums.

» Voyons donc ces belles roses, dit avec ironie le landgrave en secouant rudement le manteau de la suivante.

» Et les églantiers fleuries tombent à grands flots sur ses pieds. Elisabeth et toutes les femmes paraissent bien étonnées, déploient avec crainte leurs manteaux, et une pluie de fleurs couvre la scène comme une neige abondante.

» Le landgrave se retire dans une grande confusion, et sainte Elisabeth, qui se croyait perdue, se jette à genoux avec ses suivantes pour remercier Dieu de la protection qu'il lui a accordée par le miracle des roses.

(Légende de saint GERMAIN.)

LE LIS.

—

Le lis est le roi des fleurs tant par la superbe élévation de sa tige que par la richesse, l'éclat et le parfum des beaux calices d'albâtre qui forment sa couronne. Toutes les fleurs aussi semblent lui avoir été données pour cortége, car il ne fleurit qu'en juin ou juillet lorsque toutes sont épanouies et l'attendent comme en un palais qui lui est préparé. Ce n'est pas seul mais environné de es mille fleurs, entouré de tous les hommages de sa cour qu'il faut surtout voir le lis, il domine là comme un roi.

Le lis a long-temps été pris pour emblème de la grandeur et de la majesté du pouvoir, mais il est resté surtout, par sa blancheur incomparable, le symbole de l'innocence, de la candeur et de la pureté virginale.

On trouve le lis cultivé dans tous nos jardins, mais aussi à l'état naturel dans quelques vallées solitaires. Il se plait sur le bord des ruisseaux. Elevant au milieu des herbes sa tige auguste, il réfléchit dans les eaux ses belles coupes d'ivoire.

Le muguet et le narcisse ne doivent qu'à leur parfum et leur blancheur le nom de lis des vallées, lis des champs.

Le lis primitif est originaire de Syrie. Jadis, il para les autels du Dieu d'Israel et couronna le front de Salomon. C'est dans les vallées où fleurissait le lis que Jésus a fait ses premiers pas, et il a voulu prendre son nom. *Je suis le lis de la vallée,* c'est-à-dire la pureté même, le fils d'une humble vierge et l'époux des vierges, vivant cachées en moi, comme dans une vallée de silence et d'amour. C'est parmi ces âmes pures, que le Dieu de toute pureté fait ses délices, *pascitur inter lilia.*

Aussi, plaçons-nous ce chaste emblême de la plus belle des vertus sur les autels et dans les mains de nos Philomène et de nos saint Louis de Gonzague, de saint Joseph le patron des vierges, et de Marie, leur reine, de Marie qui, malgré les ronces de notre terre, y passa sans tache et sans souillures, comme le lis entre les épines. *Sicut lilium inter spinas, sic amica mea.*

Voici le chant d'une jeune fille, qui s'étant saintement passionnée pour la plus angélique des vertus, révélait en ces termes à ses compagnes son seul désir, son unique bonheur, celui de rester vierge, et n'avoir que sa belle couronne de lis.

« O mes compagnes, acceptez pour vous la couronne de myrte, la couronne du mariage ; allez, joyeuses au pied du saint autel, et que le Seigneur répande sur vous ses grâces qui font les heureuses et saintes épouses ! Pour moi, la couronne que j'ai choisie, est tressée avec des tiges de lis, c'est la couronne de la virginité, et j'irai à l'autel pour solliciter les grâces qui font l'heureuse et la pieuse vierge !

» Que d'autres se glorifient de porter sur leur sein le bouquet de fleurs d'orangers, le bouquet du mariage ! Puissent leurs vertus embaumer le cœur de leurs époux, comme les fleurs cueillies par leur parure embaument leurs demeures. A moi le bouquet de lis, le bouquet de la virginité ; je croîtrai comme cette fleur délicate dans le fond de la vallée et à l'abri des orages ignorée des hommes, mais connue de Dieu.

» O bonheur ! je suis vierge, je resterai vierge du Seigneur ! ma tête ne se lassera point de porter la couronne de lis, la couronne de virginité. Oh ! que nul ne vienne jamais me l'enlever ! L'enfance, la jeunesse , la vie, tout s'écoule, mais les fleurs si blanches de mon diadème ne seront jamais effeuillées. Non, mon beau lis, non, tu ne te flétriras jamais !

(Caroline de Transki.)

C'est un lis encore que Jésus choisit pour nous montrer la bonté de la Providence. « Considérez, nous dit-il, comment croissent les lis des champs : ils ne travaillent ni ne filent ; et je vous dis que Salomon même dans toute sa gloire n'était pas vêtu comme l'un d'eux. Si donc Dieu prend soin de vêtir ainsi une herbe des champs qui est aujourd'hui et qui demain sera jetée dans le four, combien aura-t-il plus de soin de vous, hommes de peu de foi. Ne demandez donc point ce que vous mangerez ou ce que vous boirez, et ne soyez point inquiets à ce sujet... Cherchez d'abord le royaume de Dieu et sa justice; et tout le reste vous sera donné par surcroît. »

Dieu pouvait-il mieux calmer toutes nos craintes, nous mieux assurer que nous sommes veillés, gardés, protégés par son regard paternel? L'existence est plus que la nourriture, et s'il nous a donné l'une, saurait-il nous refuser l'autre? Le péché nous a assujetti sans doute à mille travaux, mais ne les poussons pas jusqu'aux tourments, jusqu'à l'agitation. Travaillons mais sans inquiétude et en en abandonnant à Dieu le succès de nos travaux.

Un bon vieillard voyant venir l'hiver, plaignait beaucoup un petit oiseau qui semblait ignorer ou oublier qu'il y avait pour lui des climats plus doux ailleurs. « Pauvre petit, lui disait-il, voici l'hiver; ou trouveras-tu un abri contre la brise si pénétrante, et un grain de mil pour apaiser ta faim, quand la neige couvrira les campagnes?

Et il crut entendre l'oiseau lui répondre : « De toutes ces choses vous prenez trop de souci; la Providence a des ressources que vous ignorez. Il est vrai, je n'ai pas prévu le temps du départ; dans mon inexpérience, je ne me doutais pas que des jours mauvais viendraient sitôt remplacer les jours si beaux du printemps qui m'a vu naître. Mais j'ai confiance en celui qui donne l'agilité à mes ailes, et la douceur à mon chant. Il n'y a plus, je le sais, d'insectes succulents sur les plantes ; mais il y aura longtemps encore des mûres savoureuses dans les haies, et des alizes dans les bois. Et derrière les buissons, sur le revers des fossés où croissent la paquerette et la mousse en abondance, je connais de secrets asiles contre la rigueur des frimas. Et puis si le froid est extrême et si la faim me presse, j'irai demander au bûcheron une place à son feu et les miettes de son pain. Le compatissant bûcheron accueillera un petit oiseau malheureux, et la reconnaissance me dictera des airs qni réjouiront mon hôte dans sa solitude et le paieront de ses bienfaits. »

Le vieillard comprit alors cette parole du Maître : Voyez les oiseaux du ciel, ils ne sèment ni ne moissonnent ; ils n'ont ni grenier ni cellier, et Dieu les nourrit. Ne valez-vous pas plus qu'eux ?... Considérez comme croissent les lis des champs : ils ne travaillent ni ne filent... Combien aura-t-il plus soin de vous, homme de peu de foi !

PETITES FRAISES DES BOIS.

—

J'errais par de délicieux sentiers sur la lisière du bois qui bordait la vallée. Une multitude de fraises montraient çà et là leurs petites têtes ressemblant à des grains de corail semés sur un tapis de verdure. Ces fruits modestes sont à qui veut les cueillir; ils se donnent bénévolement, et jamais ne blessent la main qui les cueille. Ne devraient-ils pas se montrer un peu plus difficiles?... Ces bonnes petites fraises sont si savoureuses, si sucrées; leur parfum est si exquis; elles forment à elles seules de si jolis bouquets; elles composent de si gracieuses corbeilles; elles ornent si bien une table champêtre; elles sont si raffraichissantes au pèlerin que le soleil et la fatigue accable... Ces baies charmantes qui le disputent en fraîcheur et en parfum au bouton de la plus belle fleur flattent la vue, le goût, l'odorat; elles sont un des dons les plus aimables que nous ait fait la libérale et prodigne nature.

A propos de ces petites fraises des bois, j'ai souvenir d'une gracieuse poésie, touchante légende traduite ainsi de l'allemand.

« Sur le bord de prairies verdoyantes et tapissées de fleurs, tout au fond d'un bosquet agreste, était placée une statue en marbre de la vierge mère tenant son fils dans ses bras.

» Là, souvent, les soirs d'été, un charmant enfant aimait à s'égarer, et à jouer aux pieds de l'image dont la présence sanctifiait le bois et les prés.

» Fréquemment à ses côtés s'asseyait sa mère, quand après les travaux du jour; l'ombre s'était faite plus épaisse. Elle lui disait alors comment le Sauveur Jésus avait aussi été un petit enfant semblable à lui.

» Et maintenant, lui murmurait-elle, maintenant des hauteurs de son paradis, chaque jour sur nous il abaisse son regard, il voit tout ce que tu fais; il entend tout ce que tu dis.

» Ainsi parlait la tendre mère. Et par un soir plu splendide que les autres, lorsque le disque empourpré du soleil allait se perdre dans les nuages étincelants de feux et de clartés,

» L'enfant jouait suivant son habitude, et disait de sa petite voix la plus suppliante : « Bel et doux Jésus, descends des bras de ta mère ; viens jouer avec moi. »

» Pour toi, je cueillerai les fleurs les plus belles, les plus odorantes de la prairie, et je t'en tresserai une couronne, je te donnerai de bonnes fraises bien rouges, si tu veux venir seulement quelques instants auprès de moi.

» Sainte, très-sainte Mère, laissez Jésus quitter vos genoux, car je suis bien seul dans ces prairies silencieuses ; et je n'ai personne pour jouer avec moi.

» Ainsi parlait l'aimable enfant. Sa mère écoutait et recueillait ses naïves paroles ; elles les confondait dans les mots de sa prière, mais à l'enfant elle ne répondait rien.

» Cette même nuit elle rêva un rêve doux, charmant, délicieux ; il lui sembla voir Jésus enfant, mêler ses jeux à ceux de son fils.

» Et Jésus disait au compagnon de ses jeux : « Pour les fleurs et les fruits que tu m'as apportés, des trésors de bénédiction te seront rendus au centuple.

» Dans les champs du ciel tu seras avec moi, tu marcheras à mes côtés tant qu'il te plaira. Et des fruits, des beaux et merveilleux fruits que mûrit mon ciel, tu en auras tout plein, cher enfant ! »

» Ainsi avait à son tour parlé avec tendresse et bonté le bel enfant Jésus. Et l'âme remplie d'inquiètes rêveries, la mère s'éveilla troublée.

» Or voici ce qui arriva : un mois et un jour aprés, le petit garçon si doux, si caressant, naguère si vivace, gissait sur le lit des douleurs et de la mort.

» Et se mourant, il disait : Ma mère chérie, je vois l'enfant Jésus qui descend et vient à moi.

» Et dans sa main il porte des fleurs éclatantes, aussi blanches que neige, et puis de belles fraises rouges, bien juteuses. Ma mère, laisse-moi partir.

» Il mourut, et la tendre mère ne put empêcher qu'une fontaine de larmes ne jaillît de son cœur et ne coulât sur ses joues pâlies par la fièvre. Mais elle réfléchit que son enfant aimé était avec Jésus, elle ne pleura plus.

(Rosier de Marie

Traduit par R. Faslier.)

LE MYOSOTIS.

—

Souvenez vous de moi. — Ne m'oubliez pas. — Plus je vous vois, plus je vous aime. Voici de bien doux noms vulgairement donnés au myosotis. Je voudrais faire de lui le symbole des affections les plus pures. Ses petites fleurs d'un bleu céleste devraient elles inspirer autre chose que l'amour pur, la simplicité, la modestie? « Le bleu appartient aux humbles, observe un auteur. Bluet, liseron, violette, pervenche, véronique, pensée, clochette des champs, fleurs des haies, fleurs des rochers, fleurs des herbes, petites fleurs qui se cachent et qui ne veulent point briller. Dieu les a colorées d'azur à cause de cette modestie sainte. » Le dahlia superbe envie en vain cette couleur, les jardiniers et les chimistes ne la lui donneront jamais. Dieu ne permet pas à l'orgueil de revêtir le charmant et glorieux emblème de l'humilité.

Oui, charmant myosotis, céleste fleur du souvenir, c'est vers Dieu surtout que tu rappelles nos cœurs. Nous te cueillons, te regardons et t'aimons, aimerions-nous moins l'Ami divin qui pour nous a paré les cieux et la terre, qui pour nous a tant fait et nous dit : Aimez-moi ! Nous ne savons résister au regard de ta fleur, serions-nous sourds à la voix de celui qui fut prodigue envers nous de tant de mystères d'amour.

Si donc le myosotis ne veut pas être oublié, s'il veut qu'on se souvienne de lui, s'il se plaît dans nos mains, sous nos yeux, près de nos lèvres, c'est afin que nous entendions mieux son langage. Ecoutez ce qu'il nous dit :

« Oui, qu'à Jésus, ta main me donne,
Toi qui passes comme la fleur !
Effeuille ma chaste couronne :
Dieu fit pour lui cette couleur ;
Ravis l'étoile à la prairie,
Au frais murmure du ruisseau ;
Que sa beauté chante Marie,
Et que l'autel soit son tombeau !

« Prends mes sœurs fraîches et fleuries
Pour la Vierge et pour le saint lieu,

Nous t'aimerons, ô toi qui pries,
Jeune poète au cœur de feu !
Et lorsqu'un doux souris de mère
S'abaissera sur nous, joyeux,
Toutes les fleurs dans leur prière
Diront ton nom, enfant des cieux !

» Viens à nous, viens, jeune poète :
Dieu nous créa pour son autel !
Qu'en chœur notre voix lui répète
Un hymne aussi pur que le ciel !
Il n'est rien en toi qui ressemble
Au cantique délicieux
Que toutes nous dirons ensemble
Si tu nous places sous ses yeux !

Viens à nous, viens, jeune poète !
Dieu nous créa pour son autel :
Que la voix des fleurs lui répète
Un hymne qui se chante au ciel ! »

(*St. Violet.*)

LA PAQUERETTE.

—

La paquerette ou petite marguerite, se montre vers Pâques d'où lui est venu son nom, et continue à fleurir pendant presque toute l'année. Elle croît partout en abondance, sur les pelouses, parmi les gazons, dans les prés, sur le bord des ruisseaux comme dans les lieux incultes, ses fleurs à lames argentées s'ouvrent aux premiers rayons du soleil. Elle se balancent au souffle du zéphir comme de petits enfants qui se joueraient dans les herbes; puis, le soir, elles ferment pour dormir les rideaux blancs de leur corolle, et ne se rouvrent au lendemain qu'à une douce chaleur.

La paquerette est la fleur de l'innocence, l'amusement du premier âge dont elle est l'emblême. Aucun danger pour la petite main qui la cueille, elle n'est aimée ni des chenilles, ni des insectes; elle reste la propriété de l'enfant qui jette aux vents une à une ses petites feuilles pour recevoir de la dernière une mystérieuse réponse. Qui n'a pris part à ce jeu décrit par Bernardin de Saint-Pierre et si connu de nos enfants?

Mais souvent, hélas! nous conservons dans l'âge avancé les faiblesses de l'enfance sans en avoir ni l'heureuse ignorance, ni la candide innocence. « A combien de signes futiles, de superstitieuses inductions, observe madame Swelchine, n'attachons-nous pas notre destinée, lorsqu'un puissant besoin de bonheur nous presse! toute la nature alors semble conspirer pour nous ou contre nous, et il n'est pas un seul de ses secrets qui ne nous présente quelque mystérieux rapport avec le nôtre. Pauvres humains! si dépendants, si abaissés et pourtant si grands! Dans ces vertes prairies où le troupeau paisible broute avec toute la dignité et l'incurie d'une tranquille possession, qui n'a vu l'être intelligent, l'être supérieur à toute la magnificence de la création, subordonner toutes ses espérances d'avenir à la destinée de quelques feuilles laissées immobiles ou emportées par le vent, chercher d'un œil inquiet la direction d'un nuage, et demander compte à la marguerite des sentiments de ce qu'il aime? »

Moi, j'aime la paquerette parce qu'elle est humble,

vit de peu, se trouve bien partout, paraît toujours contente, et se confiant pleinement dans la tranquille action de celui qui gouverne le monde, n'a souci que de remplir humblement sa destinée.

Le Créateur a fait plus pour nous que pour l'humble plante, il nous a fait à son visage pour des fins immortelles; la plante reste fidèle à son espèce et remplit sa destinée ; nous sommes, nous, infidèles à notre céleste origine et dégénérons toujours. Ne voilà-t-il pas de quoi nous faire rougir à la vue d'une simple petite paquerette ?...

Mais les vents du ciel m'apportent ici le plus pieux des souvenirs. Je veux faire de paquerette la picciola que j'aime.

On dit qu'une fleur fut la vie, le bonheur, le paradis, l'ange, la consolation, le parfum d'un pauvre prisonnier, et c'est d'après ce récit qu'une main pieuse et ignorée traçait un jour ces lignes :

Picciola ! c'était le nom de l'humble plante
Qui charmait les douleurs d'un pauvre prisonnier,
La consolation de son âme souffrante,
L'unique passe-temps de son triste foyer...

Sous les murs ténébreux de sa sombre retraite
Sa main l'avait plantée, il l'arrosait de pleurs,
Et pour prix de ses soins, il voyait la pauvrette
Lui donner à l'envi ses parfums et ses fleurs.

Ah ! mon souverain maître ! au fond du tabernacle,
Depuis dix-huit cents ans prisonnier par amour,
Malgré notre froideur, par un constant miracle,
Vous avez près de nous fixé votre séjour.
Et là plus délaissé, plus solitaire encore,
Que ce triste captif dont je plains l'abandon,
De vos enfants pervers, votre tendresse implore
Les cœurs dont les ingrats vous refusent le don.

Hélas ! jusqu'à vous fuir, ils s'obstinent sans cesse ;
Puisqu'ils vous laissent seul, ô le Dieu de mon cœur,
Abaissez par pitié, les yeux sur ma bassesse ;
Je serai, mon Jésus, votre petite fleur...
De mon âme écoutez l'incessante prière ;
C'est vous qui l'inspirez, Seigneur, exaucez-la...
Ah ! dites-moi comment vous consoler, vous plaire,
Devenir, en un mot, votre Picciola ?

JESUS.

« Eh bien ! c'est dans la foi, mais dans une foi nue
Que ma main planterait cette petite fleur,

Qui vivant pour moi seul, des hommes inconnue
N'aurait d'autre soleil qu'un regard de mon cœur.
A ma Picciola je voudrais pour racine
Cette espérance en moi qui jamais ne faiblit,
Confiance infinie en ma bonté divine,
Abandon de l'enfant qui sait qu'on le chérit.
Pour tige il lui faudrait, sans désir et sans crainte,
Un tranquille, un joyeux, un prompt acquiescement
Aux plus petits désirs de ma volonté sainte,
Sans hésitation, sans nul raisonnement.
Elle me ravirait, si prenant pour feuillage,
Les mépris de l'estime et les regards humains,
Elle savait voiler à l'œil qui l'envisage
Les dons qu'elle a reçus de ma divine main.
Je lui voudrais pour fleur une constante joie,
Que ne pourraient troubler ni revers, ni douleur.
Lui-même à la souffrance, à l'amertume en proie,
Saurait se réjouir encore de mon bonheur.
Son fruit enfin serait cette vertu si pure
Qui ne voit que Dieu seul ici-bas comme aux cieux,
Qui n'a plus de regards pour nulle créature,
Qui ne cherche qu'en moi le terme de ses vœux.
Par là de mes desseins réalisant l'attente,
Elle aura consolé, dédommagé mon cœur;
Et greffant sur ce cœur ma simple et chère plante,
En s'unissant à moi je ferai son bonheur. »

SUR LE BORD DES CLAIRS RUISSEAUX.

—

Beaux ruisseaux qui serpentez dans cette vallée, vous en êtes la grâce et la vie, vous fertilisez ses prairies et les embellissez. Sans vous tout ici serait morne et sans couleur ; cette riche nature ne paraîtrait plus que souffrante et désolée. Grâce donc à vos belles eaux qui portent avec elle des trésors de richesses, tout vit, tout fleurit, tout chante. Le ciel, ses arbres et ses fleurs se mirent dans votre cristal, les petits oiseaux viennent y refaire leurs chansons, et l'homme peut au murmure de vos douces harmonies rester au bonheur d'une vie paisible contenue par le devoir, allant sans trouble comme sans tourment au but que lui a marqué le Créateur.

Notre vie est une onde. Le ruisseau devient fleuve, et le fleuve arrive à l'Océan.

Que sert de jeter l'ancre et de dire à sa barque :
Arrêtons-nous, voilà le port que je te marque !
Tu dormiras ici comme une île des mers
Que ne peut soulever l'effort des flots amers ?
Tandis que nous parlons, une vague éternelle
S'enfle sous le navire et l'emporte avec elle.

(*A. Lamartine.*)

Avec un peu plus ou un peu moins de bruit, par un chemin plus ou moins long, plus ou moins glorieux ou pénible, nous arrivons, tous tous à l'immense océan de Dieu... Qu'importe alors un nom fameux et le gain de tout l'univers si nous avons perdu notre âme?... Heureux la source pauvre mais pure et qui arrive à la vie, à l'inépuisable torrent des félicités infinies ! *Inebriabuntur ab ubertate domûs tuæ; et torrente voluptatis tuæ potabis eos.*

Oh ! si nous connaissions le don de Dieu, si nous savions mieux apprécier nos destinées immortelles, si nous comprenions mieux et le prix de notre âme, et le prix de la grâce qui est sa nourriture, sa vie, sa joie, son salut, comme nous laisserions vite l'eau troublée, amère et toujours altérante des faux biens de ce monde pour nous désaltérer à *l'eau qui jaillit jusqu'à la vie éternelle* !...

Hélas ! nous comprenons peu la vie ! elle n'est pas le but, elle n'est que le chemin. Que trouverons-nous au but, si, par un voyage si court, nous ne mettons dans cette vie que de la matière ou de la fange ? « Vivre, a dit un auteur, ce n'est pas seulement exister, c'est penser, c'est aimer, c'est agir. C'est plus que cela encore, c'est être en rapport d'intelligence avec le vrai, de cœur avec le beau, de volonté avec le bien. C'est par ce mouvement suprême et cette ardente aspiration que l'on appelle l'amour, se prolonger dans la lumière de ce triple soleil, c'est réaliser ses lois immortelles dans des actes qui placent l'homme à une distance infinie de l'animal, parce qu'ils ont pour principe la liberté soutenue par la grâce, pour flambeau la conscience affermie par la foi, pour fruit la vertu qui fait ses saints, et pour terme la félicité qui fait les bienheureux. »

LES PAPILLONS.

—

Entre la plante et l'oiseau, voici les papillons, fleurs sans tiges, fleurs mobiles, fleurs des airs qui le disputent en éclat à leurs sœurs, effleurent capricieusement leurs calices, puis les délaissent tour à tour.

« Ainsi mon cœur toujours en rêve,
Sans nul repos, sans nulle trêve,
Nage de désirs en désirs ;
Comme du mât la banderolle
Au moindre vent, s'agite, vole,
Il n'est constant qu'en ses soupirs.

» Insecte, au vol infatigable,
Des fleurs amant insatiable,
Beau parvenu d'un matin,
Dis-le moi, de ce cœur frivole
Serais-tu un vivant symbole ?
Aurions-nous le même destin ?

» Dans l'air où tu passes, repasses,
O papillon, je suis tes traces,
Mon œil n'aperçoit plus que toi ;
Cours, flotte, vole, dès l'aurore
Repose-toi, pars, vole encore...
A chaque vol, je dis : C'est moi !

» Que c'est bien là mon inconstance !
Cédant toujours sans résistance,
A l'attrait d'un nouveau désir,
Pour mon cœur il n'est point de pause,
Il repart aussitôt qu'il se pose,
Poussé vers un douteux plaisir ! »

(*Ch...*)

Papillons toujours changeants et volages, vous êtes bien en effet le symbole de l'inconstance de nos désirs, désirs toujours trompés et que nous reformons sans cesse, toujours inassouvis et qui s'accroissent toujours. Pauvre cœur de l'homme incessamment emporté par ses aspirations vers une sphère de bonheur qu'il ne peut jamais atteindre !...

Où va-t-il ! Où va-t-il? Oh ! nommez aussi le lieu !
Il s'en va sur la route à l'étoile tracée ;
Il s'en va dans l'espace où vole la pensée ;
Il s'en va près de l'ange, il s'en va près de Dieu !.

(*Eugénie Guérin.*)

Oui, l'idéal que nous pressentons, que nous rêvons, que nous désirons tous instinctivement, c'est Dieu notre centre et notre fin dernière. Aussi, dès cette vie même, n'y a-t-il pour nous, hors de son amour, ni repos, ni paix, ni bonheur... Vous nous avez fait pour vous, disait à Dieu saint Augustin, et notre cœur est inquiet et sans repos jusqu'à ce qu'il se repose en vous. » Oh ! les profondes méditations qu'il y aurait à faire sur un sujet si vaste, et dont le dernier mot est celui-ci : *Tout n'est que vanité*... Voyez les prétendus heureux, ceux qui rendent toute la terre tributaire de leurs désirs : le pauvre leur porte nvie, et le dégoût, le malaise, l'ennui les dévore ; et plus hautement que personne ils font entendre ce cri que se renvoient les unes aux autres les générations : *Omnia vanitas*...

Le bonheur est notre fin, notre vérité, puisque nous l'ambitionnons tous, mais il n'est pas sur la terre; portons plus haut nos regards. Par-delà ce monde, nous attend ce quelque chose d'infini, d'éternel qui seul peut remplir le vide immense de notre cœur et en rassasier pleinement tous les désirs...

Mais les papillons me ramènent à la pensée d'un bien autre mystère : qu'était-ce avant sa métamorphose que ce brillant volatile qui ne veut vivre aujourd'hui que de lumière, ne s'enivrer que de parfum? C'était le ver triste, rampant péniblement sur le sol. Le voilà qui se retire un jour dans le creux d'une pierre, sous le pli d'une feuille ou d'une écorce, file une coque, s'y emmaillote, puis y reste dans l'immobilité la plus complète. On dirait qu'il n'y a plus de vie dans cet infortuné débris dont les pluies, les frimas et les neiges vont, ce semble, achever la complète destruction. Mais viennent les beaux jours du printemps, et sous la chaleur vivifiante du soleil nouveau, tous ces sépulcres de chrysolides vont s'ouvrir, et de leur poussière obscure s'échappera l'être aux brillantes couleurs qui se joue dans les plaines de l'air et ne cesse de nous ravir, par sa beauté, son éclat, sa vie bien supérieure à celle des fleurs, puisqu'il voit, entend, savoure, et que c'est pour le nourrir que toutes les fleurs semblent préparer leur nectar.

Ne voilà-t-il pas une image sensible de la résurrection des corps complétée d'ailleurs par la germination des semences confiées à la terre et les renouvellements successifs que la nature présente à mes regards?

Oui, notre corps associé aux opérations de l'âme et aux mérites de ses œuvres ressuscitera un jour pour se réunir à elle et partager son sort éternel, jouir comme elle de la perfection et des béatitudes divines.

Suivant le magnifiques langage de saint Paul, *le corps est semé dans la corruption, il ressuscitera dans l'incorruptibilité*; *il est semé dans le déshonneur, il ressuscitera dans la gloire*; *il est semé dans la faiblesse, il ressuscitera dans la puissance. Il est semé corps animal, il ressuscitera corps spirituel...* Attendons donc le jour qui doit discerner les enfants de Dieu et leur marquer une place dans les siècles qui n'ont plus d'ombre et de retour.

C'est dans cette foi que l'Eglise préparant nos corps aux éternelles félicités les épure et les spiritualise en leur imposant des jeunes et des mortifications. L'âme, après le mystérieux travail de la pénitence, ne prend elle pas déjà son essor vers les sphères élevées, y emportant pour ainsi dire avec elle nos corps transformées par la pratique des vertus et la nourriture de la manne eucharistique?

C'est dans cette foi encore que l'Eglise voyant en nos corps les instruments du culte et de l'adoration que nous rendons à Dieu, les temples vivants du Saint-Esprit les tabernacles habités par le Dieu de l'Eucharistie, et qu'il doit placer un jour dans sa gloire, traite ces corps comme des vases d'honneur, les environne d'un saint respect, les dépose dans une terre bénite, et lorsqu'ils ont été la demeure d'une âme saintement héroïque les expose sur ses autels.

« Lorsqu'eut lieu à Reims, nous dit un auteur, le sacre du roi Charles VII, Jeanne-d'Arc, en entrant dans la cathédrale tendue de soie et d'or, illuminée par dix mille cierges, tenait fièrement en sa main l'oriflamme qu'elle avait porté sur les champs de bataille, son oriflamme tout déchiré, souillé de sang et de poussière. On voulut lui enlever ce haillon : — Laissez! laissez! s'écria Jeanne-d'Arc, comme il a été à la peine, il doit aller à la gloire.

« Une légende rapporte que l'oriflamme brilla soudain d'une éclatante lumière, et que de chaque déchirure jaillit un rayon.

« Notre corps, ce vieux compagnon de nos combats et de nos douleurs pénètrera de même dans la basilique éternelle, où l'homme doit recevoir son sacre définitif et entrer en possession de son impérissable royaume.

LES OISEAUX.

—

Quelles admirables petites créatures que tous ces oiseaux qui enchantent nos campagnes, charment nos travaux et nous parlent si éloquemment de la bonne Providence qui les habille, les loge, les chauffe et les nourrit si bien ! Quelle étonnante diversité dans leurs chants et leurs couleurs ! quelle élégance dans leurs formes ! quelle beauté, quel éclat dans leur plumage ! quelle légèreté, quelle liberté, quelle grâce dans leurs mouvements et leur vol ! quelle habileté dans la structure admirable de leurs nids ! quels soins pour leurs couvées ! Comment ne pas reconnaître et bénir en tant de merveilles la sagesse immense qui préside à de si ravissantes harmonies !

La nature a des couleurs de choix et semble les réserver à ces heureux habitants de l'air, elle a des habits de fête et les en revêt tous les jours ; elle a des solennités magnifiques, et c'est encore aux oiseaux qu'elle confie pour ses hymnes les plus belles, ses harpes, ses cinnor et ses lyres... Chantez, chantez, petits oiseaux; toutes vos voix sont si pures ! il n'y a pas pour vous un autre paradis.....

« Chantez, votre voix est si tendre !
Vos accords si mélodieux !
Mon cœur sourit à les entendre
Comme un écho lointain des cieux. »

« L'oiseau, dit l'auteur du *Génie du Christianisme*, semble le véritable emblème du chrétien ici-bas : il préfère, comme le fidèle, la solitude au monde, le ciel à la terre, et sa voix bénit sans cesse les merveilles du Créateur. »

Que vos œuvres, Seigneur, sont admirables ! *Quam magnificata sunt opera tua, Domine* !...

O nature, que vous êtes belle dans votre grandeur et votre simplicité, dans tous vos secrets mystères et vos merveilles innombrables ! vous êtes la beauté telle qu'il est au pouvoir de l'homme de la voir par ses yeux, de la goûter par son cœur. Vous êtes le vêtement de Dieu. Toute âme peut contempler et adorer sa beauté souveraine à travers la transparence du voile qui revêt vos magnificences.

LE ROSSIGNOL.

—

Qui n'a bien des fois prêté l'oreille au chant si mélodieux du rossignol? C'est le premier chantre de la création. D'autres, lorsqu'il se tait, se font écouter avec plaisir, mais la voix du rossignol efface toutes les autres, et lorsqu'elle se fait entendre, tout se tait pour l'écouter. Quelle richesse, quelle variété, quelle douceur, quel éclat dans son chant!

« Le rossignol charme toujours, a dit un auteur, et ne se répète jamais, du moins jamais servilement; s'il redit quelque passage, ce passage est animé d'un accent nouveau, embelli par de nouveaux agréments : il réussit dans tous les genres, il rend toutes les expressions, il saisit tous les caractères; et de plus il sait en augmenter l'effet par les contrastes. Ce coryphée du printemps se prépare-t-il à chanter l'hymne de la nature, il commence

5..

par un prélude timide, par des tons faibles, presque indécis, comme s'il voulait essayer son instrument et intéresser ceux qui l'écoutent; mais ensuite, prenant de l'assurance, il s'anime par degrés, il s'échauffe, et bientôt il déploie dans leur plénitude toutes les ressources de son incomparable organe : Coups de gosiers éclatants; batteries vives et légères; fusées de chants où la netteté est égale à la volubilité; murmure intérieur et sourd qui n'est point appréciable à l'oreille, mais très-propre à augmenter l'éclat des tons appréciables; roulades précipitées, brillantes et rapides, articulées avec force; accents plaintifs, cadencés avec mollesse; sons filés sans art, mais enflés avec âme : sons enchanteurs et pénétrants, vrais soupirs d'amour qui semblent sortir du cœur et font palpiter tous les cœurs, qui causent à tout ce qui est sensible une émotion si douce, une langueur si touchante !...

« Ces différentes phrases sont entremêlées de silences, de ces silences qui, dans tout genre de mélodie, concourent si puissamment aux grands effets. On jouit des beaux sons que l'on vient d'entendre et qui retentissent encore dans l'oreille : on en jouit mieux parce que la jouissance est plus intime, plus recueillie... Bientôt on attend, on désire une autre reprise... Il recommence ! Que ses accents sont changés ! quelles modulations nouvelles !... »

(G. de M...)

Ah ! ta voix touchante ou sublime
Est trop pure pour ce bas lieu !
Cette musique qui t'anime
Est un instinct qui monte à Dieu !

Oh ! mêle ta voix à la mienne !
La même oreille nous entend ;
Mais ta prière aérienne
Monte mieux au ciel qui l'attend !

Elle est l'écho d'une nature
Qui n'est qu'amour et pureté,
Le brûlant et divin murmure
L'hymne flottant des nuits d'été !

Et nous, dans cette voix sans charmes
Qui gémit en sortant du cœur,
On sent toujours trembler des larmes
Ou retentir une douleur !

(*A. L...*)

LE ROUGE-GORGE.

—

J'aime le rouge-gorge comme j'aime la fleur de la Passion. De vieilles légendes nées en des âges de foi les rendent présents l'un et l'autre à la scène adorable du calvaire. Ce souvenir me suffirait seul pour me faire aimer et la fleur et l'oiseau.

Oui, l'on dit que lorsque notre Seigneur expirait sur la croix, le rouge gorge, témoin de son agonie, fut ému pour lui d'une pitié profonde. Il eût bien voulu arracher les clous qui lui transperçaient les pieds et les mains, mais il sentait bien que la chose était au dessus de ses forces : alors, il essaya pour soulager du moins les souffrances de la victime, d'enlever un des aiguillons de sa couronne d'épines, et il ne réussit qu'à se blesser lui-même : une goutte de sang rougit sa poitrine. Bon petit oiseau, lui dit un des anges qui planaient au-dessus de la croix, tu seras béni pour ta pitié généreuse; la tache de sang qui a rougi ton sein y restera toujours; et pour avoir eu compassion des souffrances du Sauveur, il fera que les hommes aient de la compassion pour les tiennes.

Le rouge-gorge habite nos bois et nos jardins; fait la chasse aux mouches, aux insectes, aux vermisseaux; vit de raisins, de fruits de ronces ; est le premier éveillé, le dernier couché. Il ne vole guère au-dessus de quatre à cinq pieds de terre. Il établit son nid dans le tronc d'un arbre, ou le construit avec art au milieu des épines ou sur de petits arbrisseaux, avec de la mousse; il n'y ménage qu'un trou pour entrer, et lorsqu'il sort il le bouche avec des feuilles. Le rouge-gorge aime l'homme. Il suit les bûcherons dans les bois, leur tient compagnie où les amuse de son chant. L'hiver il entre, plein de confiance, dans les chaumières pour s'y réchauffer et se nourrir des miettes de pain tombées sous la table. Ne serait-ce pas un crime que de trahir cette confiance, que d'attenter à sa vie, à sa liberté ?...

L'HIRONDELLE.

—

Si je ne savais que le village n'est pas loin, voici deux hirondelles qui me le diraient. C'est la bonne amie des demeures de l'homme que l'hirondelle ; c'est l'hôte aux mœurs douces, l'hôte volontaire de la maison, et toujours sa compagnie porte bonheur ; c'est une vieille connaissance; nous l'aimons dès le bas âge et savons qu'elle affectionne le toit qui l'a vu naître et qu'elle y revient toujours.

On sait de quels enseignements elle est chargée pour nous : Elle annonce la pluie et le beau temps, elle porte sur ses ailes noires le calendrier du laboureur. Elle apprit à nos pères l'art de l'architecture rustique; elle n'a cessé d'être le modèle des mères.

Tous les oiseaux n'habitent pas constamment le même lieu, beaucoup changent de pays suivant les saisons.

Au printemps arrivent les hirondelles pour aller, lorsque vient l'automne, prendre leurs quartiers d'hiver dans des climats plus chauds. Elles partent pour cette lointaine émigration avec leurs pères, leurs mères, leurs frères, leurs sœurs, sans boussole et sans cartes, mais toutes très-confiantes en celui qui les appelle, comptant bien trouver la route, et sur la route des étapes et des vivres ; et elles ne se tromperont jamais... Quelle admirable Providence, et comme elle nous invite, nous qui valons bien plus que ces petits oiseaux, à la confiance et à l'amour !

Mais écoutons les douces leçons de charité que nous donnent ici les hirondelles : « A l'annonce des froidures, elles s'assemblent et délibèrent, puis se disent : Voici l'heure, il faut partir. Elles prennent leur essor, et voilà qu'elles voguent, nautonniers aériens, vers les lointains rivages, où elles se reposeront dans la paix et l'abondance. Que deviendraient-elles, pauvres petites créatures du bon Dieu, si elles ne savaient compatir et s'aimer ? Mais rassurons-nous; si elles ont l'exil et ses périls en partage, elles ont aussi l'amour. Je les ai vues, passager pensif et solitaire, résister ensemble aux caprices furieux des autans qui bouleversaient le navire. J'ai vu l'aile débile et fatiguée qui ne comptait qu'un été, se reposer sur l'aile moins frêle, et celle-ci me semblait la plus heureuse. J'ai vu les aînées apporter le secours de leur expérience à celles que le dernier printemps vit éclore. Je les ai entendues les gourmander doucement, et leur dire : Courage ! plus vieilles que vous d'une année, nous connaissons la rive, et bientôt nous la verrons ! Et je me disais en essuyant une larme : Pourquoi les hommes ne savent ils pas s'aimer comme s'aiment les hirondelles ? Comme elles ne sont-ils pas exilés ?... » Comme elles nous passons et allons nous reposer ailleurs ; elles vont à des climats plus chauds, nous à des félicités éternelles si nous avons réglé notre vie sur la loi du Seigneur...

Un poète anonyme a mis sur les lèvres d'un prisonnier ce chant si plein de douceur et de mélancolie :

Hirondelle gentille
Voltigeant à la grille,
Du cachot noir.
Vole, vole sans crainte,
Aux bords de cette enceinte
J'aime à te voir.

Légère aérienne
Dans ta robe d'ébène,

Lorsque le vent
Soulève, sous tes plumes,
Comme un flocon d'écumes,
Ton corset blanc.

D'où viens-tu ? qui t'envoie
Porter si douce joie
Au condamné ?
O riante compagne,
Viens-tu de la montagne
Où je suis-né ?

Viens-tu de la patrie
Eloignée et chérie
Du prisonnier ?
Fée aux luisantes ailes,
Conte-moi des nouvelles
Du vieux foyer.

Dis-moi s'il est encore
Un endroit où l'aurore,
Fille des airs,
Se mire aux larmes blanches
Qui dorment sur les branches
Des sapins verts.

Ah ! dis-moi si la mousse
Est toujours aussi douce,
Et si parfois
Au milieu du silence,
Le son du cor s'élance
Du fond d'un bois ?

Si quelque ombre de femme
Pensive comme une âme,
Ne s'en vient plus
Prier dans la chapelle
Lorsque la cloche appelle
A l'Angelus.

Dis-moi si l'homme espère
Encore sur cette terre
Quelques beaux jours ;
Si la blanche aubépine
Au haut de la colline
Fleurit toujours ;

. . . .

Il pleut : la nue est sombre ;
Le vent souffle dans l'ombre
De la prison ;
Hélas ! pauvre petite,
As-tu froid ? entre vite
Au noir donjon.

Tu t'envoles !!! j'y songe,
C'est que tout est mensonge
Espoir heurté !
Il n'est dans cette vie
Qu'un bien digne d'envie,
La liberté !

On lisait tout dernièrement dans la chronique d'un journal religieux :

« Presque au bout du faubourg Saint-Jacques s'élève une modeste église de Capucins dans le fronton de laquelle les bons pères ont fait établir une niche qui sert d'abri à une statue en plâtre de la Vierge mère. Une gentille hirondelle est venue bâtir là son nid comme pour mettre sa couvée sous la protection de la Reine des Anges. Son nid est adroitement posé sur le bras de l'enfant Jésus près du sein virginal ; et à chaque instant on voit la tendre providence de ce nid plein de frêles trésors, venir, sa petite proie au bec, se poser sur la main de la Vierge, et de là distribuer la pâture à quatre ou cinq autres petits becs avides de la recevoir. »

LES VENTS.

—

Mes bonnes petites hirondelles étaient venues m'annoncer un changement de temps; elles pressentaient l'orage et ne voulaient point qu'il me surprît trop loin de toute habitation. Un vent qui n'était plus la brise agitait en effet toutes les feuilles et leur arrachait je ne sais quelles plaintes confuses qui avaient tout l'accent de la terreur. Je pris à petits pas le chemin du village en songeant à cette force invisible qui, mue par la sagesse et la bonté du Créateur, agite la nature et la purifie, pousse les nuages et amène avec eux les pluies qui désaltèrent et fécondent nos campagnes.

Puis rappelant mes réminiscences de la Sainte Ecriture, je me ressouvins de ces paroles : « Ne nous laissons pas emporter par tous ces vents de doctrine... Celui qui sème les vents recueillera les tempêtes. » Hélas ! que devient l'esprit humain, lorsque s'arrachant à l'action de Dieu, il s'en va, livré à lui-même, semant l'erreur et le mensonge comme le laboureur sa semence. O Dieu, vous êtes notre éternelle vérité. Tous les éléments sont entre vos mains ; vous seul aussi pouvez nous diriger. Sans vous toute intelligence erre dans les ténèbres, sans vous nul jugement n'est droit. Je veux souvent, Seigneur, vous redire en toute confiance ces paroles de l'auteur de l'*Imitation* : « Que d'autres cherchent, au lieu de vous, tout ce qu'ils voudront : pour moi, rien ne me plaît, ni ne me plaira jamais que vous, ô mon Dieu, mon espérance, mon salut éternel ! »

Eugénie de Guérin inscrivait un jour dans son délicieux journal : « Le 7, grand vent d'automne, grand orchestre à ma fenêtre. J'aime assez cette harmonie qui sortait de tous les carreaux mal joints, des contrevents mal fermés, de tous les trous des murailles, avec des notes diverses et si bizarrement pointues qu'elles percent les oreilles les plus dures. » A ces vents coulis qui se glissent dans les fentes des portes, qui, le jour, nous assourdissent, et, la nuit, font trembler nos veilleuses et chassent notre sommeil, je préfère bien mieux ceux qui font onduler sous mes regards des champs de fleurs et de verdure, qui balancent dans les airs les hauts peupliers et font flotter la chevelure des bouleaux et des saules.

Voulez-vous entendre ou croire entendre des choses mystérieuses inconnues ?... Voulez-vous écouter passer tout un peuple, une génération d'hommes, le temps, la vie, la mort... vous jetant des rumeurs, des hurlements, des plaintes et des rires, des bruits indéfinissables et sans nom ?... Voudriez-vous une fois dans votre vie sentir près de vous gémir et frissonner des âmes, voir passer peut-être la grande ombre de Dieu ou sentir son ange vous toucher ?... Allez le soir, lorsqu'une main mystérieuse déplie sur notre monde le pâle linceul des ombres, lorsque la grande solitaire des nuits cherchant peut-être quelque voyageur attardé par la fatigue promène gravement son fanal sur nos monts, dans nos vallées, dans nos bois ; lorsque les vents agitent comme des âmes en peine les grandes ombres et font parler les grands arbres ; allez entendre alors ce que l'on entend ; allez voir ce que l'on voit dans les forêts agitées par les vents. Il s'y passerait, a semblé dire l'auteur du *Génie du Christianisme*, des choses prodigieuses.

« L'ombre, les bruits et le silence des forêts sont remplis de prodiges » a dit Chateaubriand. — La vie n'est pas si longue. La mort nous donnera la clef de tous les mystères. Reposons-nous plein de sécurité, pleins de confiance dans les promesses divines, donnant à Dieu tout l'amour d'un cœur qui, créé par lui et pour lui, n'a d'autre destinée que de retourner à lui...

Le chantre des *Méditations* nous dit dans une de ses préfaces : « Quand nous étions enfants, nous nous amusions quelquefois, mes petites sœurs et moi, à un jeu que nous appelions *la musique des anges*. Ce jeu consistait à plier une baguette d'osier en demi-cercle ou en arc à angle très-aigu, à en rapprocher les extrémités par un fil semblable à la corde sur laquelle on ajuste la flèche, à nouer ensuite des cheveux d'inégale grandeur aux deux côtés de l'arc, comme sont disposés les fibres d'une harpe, et à exposer cette petite harpe au vent. Le vent d'été qui dort et qui respire alternativement d'une haleine folle, faisait frissonner le réseau et en tirait des sons d'une ténuité presque imperceptible, comme il en tire des feuilles dentelées des sapins. Nous prêtions tour à tour l'oreille, et nous nous imaginions que c'étaient les esprits célestes qui chantaient. Nous nous servions habituellement pour ce jeu, des longs cheveux fins, jeunes, blonds et soyeux, coupés aux tresses pendantes de mes sœurs ;

mais un jour nous voulûmes éprouver si les anges joueraient les mêmes mélodies sur les cordes d'un autre âge, empruntées à un autre front. Une bonne tante de mon père, qui vivait à la maison, et dont les cachots de la terreur avaient blanchi la belle tête avant l'âge, surveillait nos jeux en travaillant de l'aiguille, à côté de nous, dans le jardin. Elle se prêta à notre enfantillage, et coupa avec ses ciseaux une longue mèche de cheveux qu'elle nous livra. Nous en fîmes aussitôt une seconde harpe, et la plaçant à côté de la première, nous les écoutâmes toutes deux chanter. Or, soit que les fils fussent mieux tendus, soit qu'ils fussent d'une nature plus élastique et plus plaintive, soit que le vent soufflât plus doux et plus fort dans l'une des petites harpes que dans l'autre, nous trouvâmes que les esprits de l'air chantaient plus tristement et plus harmonieusement dans les cheveux blancs que dans les cheveux blonds d'enfant; et, depuis ce jour, nous importunions souvent notre tante pour qu'elle laissât dépouiller par nos mains son beau front.

« Ces deux harpes dont les cordes rendent des sons différents selon l'âge de leurs fibres ne sont-elles pas l'image puérile, mais exacte de deux poésies appropriées aux deux âges de l'homme ? songe et joie dans la jeunesse; hymne et piété dans les dernières années. Un salut et un adieu à l'existence et à la nature, mais un adieu qui est un salut aussi ! un salut plus enthousiaste, plus solennel et plus saint à la vision de Dieu qui se lève tard, mais qui se lève plus visible sur l'horizon du soir de la vie humaine !

« Je ne sais pas ce que la Providence me réserve de sort et de jours... Tout est dans la main de celui qui dirige les atomes comme les globles dans leur rotation, et qui a compté d'avance les palpitations du cœur du moucheron et de l'homme comme les circonvolutions des soleils. Tout est bien et tout est béni de ce qu'il aura voulu; mais si, après les sueurs, les labeurs, les agitations et les lassitudes de la journée humaine, la volonté de Dieu me destinait un long soir d'inaction, de repos, de sérénité avant la nuit, je sens que je redeviendrais à la fin de mes jours ce que je fus au commencement : un poète, un adorateur, un chantre de sa création. Seulement, au lieu de chanter pour moi-même ou pour les hommes, je chanterai pour lui; mes hymnes ne contiendraient que le nom éternel et infini, et mes vers, au lieu d'être des retours sur moi-même, des plaintes et des délires personnels, seraient une note sacrée de ce cantique incessant et universel que toute créature doit chanter, du cœur ou de la voix, en naissant, en vivant, en passant, en mourant devant son Créateur. »

Grand poète, nous attendons!... Votre soir de sérénité ne serait-il pas encore venu? Si tard qu'il est pour vous, la vision de Dieu ne se serait-elle pas encore levée sur votre horizon?...

L'ORAGE ET L'ANGELUS DE MIDI.

—

De sombres nuages s'étaient amoncelés sur l'horizon. L'atmosphère était pesante. La nature, inquiète et dans une morne attente, semblait prise d'une secrète frayeur. Tous les êtres qui peuplent la campagne avaient regagné eurs retraites. Je venais moi aussi de regagner ma demeure lorsqu'un coup de tonnerre

Cette voix du Seigneur dans sa magnificence.

fit tout-à-coup trembler nos montagnes. La nue venait de s'ouvrir et de son sein tombait une pluie abondante...

Après la colère de Dieu, son apaisement et ses miséricordes, je retrouvais l'image symbolique de cette vérité si touchante dans le calme et la sérénité qui suivit la tempête. Qui dira, Seigneur, vos longanimités et votre patience! « Pensée consolante ! s'écrie saint Augustin, si le tonnerre m'effraye, ô mon Dieu, c'est pour que mon cœur s'ouvre aux pluies célestes de la grâce. Faites donc retentir vos foudres, car j'ai péché, et vous êtes juste; mais qu'aux foudres de votre justice succèdent les pluies de votre miséricorde. »

L'orage exécuteur des ordres du tout-puissant était allé porter plus loin sa nuit et ses terreurs. On l'entendait mugir dans l'éloignement, il ne restait à notre contrée qu'un soleil plus pur, une nature plus verdoyante, une atmosphère purifiée, pleine de parfums et de fraîcheur.

En ce moment se firent entendre les doux tintements de la cloche du village ; ils sonnaient l'*Angelus* de midi. C'était, après la tempête, un souvenir de Marie, nue mystérieuse laissant pleuvoir le juste. *Et Verbum caro factum est, et habitavit in nobis*... Toute une révélation de ce divin mystère vint un instant rayonner dans mon âme, et je récitai mon *Angelus* avec une foi plus vive, avec un cœur tout rempli d'une douce action de grâces.

En nos âges de foi l'on voyait des rois se découvrir la tête pour réciter publiquement leur *Angelus*. Pourquoi de tels exemples ne se voient-ils plus aux sommets de la grandeur humaine?

Parvenu au faîte de la gloire et de la puissance, ayant parcouru le cercle des illusions de ce monde, et sentant que, comme dit le poète, *plus de grandeur contient plus de néant,* Napoléon devait, pour remplir le vide de son cœur, reporter avec délices sa pensée vers des époques moins éclatantes de sa vie. Son propre témoignage nous atteste qu'il était plus souvent dans ces dispositions mélancoliques qu'on n'eût pu le supposer. Sur le roc de Sainte-Hélène, il s'écriait : « Le son des cloches me manque ici, il me manque : je ne m'accoutume pas à ne plus l'entendre. Jamais le son d'une cloche n'a frappé mon oreille sans reporter ma pensée vers les sensations de mon enfance. L'*Angelus* me ramenait à de douces rêveries. Quand, au milieu du travail, j'en entendais les premiers coups sous les bois ombragés du palais de Saint-Cloud, bien souvent on me croyait rêvant un plan de campagne ou une loi de l'empire, lorsque tout simplement je reposais ma pensée, en me laissant aller aux premières impressions de ma vie. Au fait, la religion n'est-elle pas le règne de l'âme, le sauvetage du malheur ?

On raconte que tant que les Croisés furent fidèles aux pieuses invocations de l'*Angelus*, la victoire leur fut fidèle, et qu'elle cessa de l'être quand ils devinrent infidèles eux-mêmes à cette sainte discipline de la foi, garantie de celle des mœurs.

O Marie, demandez au Seigneur qu'il descende dans nos âmes pour les régénérer comme il descendit dans votre sein pour régénérer le monde. O glorieuse servante du Seigneur, obtenez-nous d'être soumis à votre exemple pour ne reculer ni devant les peines de la vie, ni devant les railleries du monde.

Votre divin fils, ô Marie, est venu habiter parmi nous, faites que nous devenions dignes de ses promesses et que nous habitions éternellement son royaume.

L'ARC-EN-CIEL.

—

Le Seigneur, après le grand cataclysme du déluge, fit alliance avec ses créatures, et, comme s'il se fût repenti d'avoir exercé sur la terre une justice si rigoureuse, il promit solennellement de ne plus envoyer de déluge et donna l'arc-en-ciel comme témoignage de sa réconciliation et de sa promesse.

J'admirais en ce moment se dessinant dans le lointain sur le fond noir de la tempête cet arc magnifique qui est posé sur la terre et s'élève jusque dans les cieux. Quel compas égala jamais cette courbe gigantesque? quel art imita ces couleurs si douces et si agréablement diversifiées, couleurs primitives merveilleusement fondues ensemble par le peintre éternel?

« Bergers, troupeaux, petits oiseaux, observe un auteur, passent rassurés sous cette arche triomphale, dressée par la main du Seigneur, dans les champs de l'éther. Si les cités du ciel ont des portiques d'entrée, c'est ainsi que la main des anges a dû les bâtir. »

« Considère l'arc-en-ciel, nous dit l'auteur de l'*Ecclésiastique* et bénis celui qui l'a fait : qu'il est beau dans son éclat ! Il forme dans le ciel un cercle de gloire ; les mains de Dieu l'ont étendu. »

Du fond de mon cœur je sentis alors s'exhaler un chant de bénédiction et d'action de grâces dont j'ai perdu le souvenirs, mais que les anges durent emporter dans les cieux...

Arc divin, symbole d'espérance et de paix, lève-toi souvent sur le monde pour lui rappeler la réconciliation du Seigneur et la filiale confiance, la reconnaissance et l'amour que doivent lui inspirer ses paternelles tendresses.

—

LE LAC.

—

Un large bassin, sorte de petit lac, sommeille paisible tout près de mon village dans une des gorges formées par les monts qui l'avoisinent. C'est là que se calme et modère le rapide cours d'eau qui fertilise nos champs et qui sans cela les ravagerait peut-être. Je me décidai à diriger de ce côté ma promenade, après avoir réparé mes forces dans un de ces bons et simples repas tels qu'il s'en fait à la campagne.

Je retrouvai le lac comme il était toujours, si tranquille, si transparent que le ciel et le paysage ne se lassent point d'y refléter leurs merveilles.

Une petite nacelle se trouve toujours à son bord pour le service des propriétaires riverains; je m'en emparai, et, à l'aide d'une simple rame, je me mis à errer à l'ombre des peupliers et des saules qui bordent le rivage.

Ces eaux limpides et à l'abri de tous les vents sont sans danger; elles ne recélent aucuns débris parce qu'elles n'ont vu aucuns naufrages. Tout ici porte à la paix, tout contribue à bercer l'âme dans quelque doux rêve. Chacun son bonheur; moi je me mis long-temps à rêver au ciel, océan bienheureux où l'ancre, sans plus d'orages, est jetée pour toujours, où la vie est à jamais fixée en Dieu seul et ses félicités infinies... je lus et méditai long-temps le beau chapitre 48 du livre III de mon *Imitation* : « O bienheureuse demeure de la cité céleste! jour éclatant de l'éternité, que la nuit n'obscurcit jamais, et que la vérité souveraine éclaire perpétuellement de ses rayons, jour immuable de joie et de repos que nulle vicissitude ne trouble! Oh! que ce jour n'a-t-il lui déjà sur les ruines du temps, et de tout ce qui passe avec le temps!... »

Puis, je fis redire à toute cette nature si calme, si heureuse les suaves invocations des *litanies de la sainte Vierge*.

Le soir vint trop vite me surprendre dans ces pieux loisirs qui sont comme de douces avances prises sur le bonheur éternel. Je fis d'un *Magnificat* le chant de mon action de grâces et concentrai dans lui toutes les actions de grâces de la nature; puis, rattachant ma barque au tronc d'un saule, je repris doucement le chemin de mon village.

LE SOIR.

—

Les ardeurs du jour étaient apaisées. L'air commençait à fraîchir. Déjà même les fleurs penchaient la tête et repliaient leurs corolles ; déjà les petits oiseaux se retiraient sous leur toit de feuillage. Le soir était venu. La nature avec une douceur infinie aspirait au repos. L'ombre s'étendait rapidement au fond des bois et dans le creux des vallées. Le disque agrandi du soleil ne baignait plus de ses feux que les hautes cimes des montagnes ; il descendait sous l'horizon avec une solennelle grandeur. Ce monarque du jour se couchait dans sa gloire escorté de mille petits nuages groupés çà et là dans l'azur du couchant et qu'il irradiait de tout l'éclat de ses dernières splendeurs O le soir délicieux ! quelle lumière douce et pure ! quel calme mystérieux ! quel silence divin !...

Voilà bien le temple, mais où est l'encens de l'homme?... Le soir comme le matin, c'est bien vers vous toujours, ô mon Dieu, qu'il faut tourner nos cœurs et faire monter l'encens de la louange, de l'action de grâces et de la prière. Heureux le voyageur de la vie qui vous donna le matin son cœur, et ne le reprit jamais dans le long cours de sa vallée d'épreuve ! Heureux qui ne voit dans le soir de son long pèlerinage qu'un tranquille adieu fait à la terre pour aller à jamais se reposer, ô mon Dieu, dans le sein miséricordieux de votre éternel amour !.., Je veux, Seigneur, à la fin de cette journée, comme à la fin de ma vie, vous apporter les pensées de ma foi et redire les suaves espérances que vous mettez dans les cœurs de ceux qui vous aiment...

Madame Swetchine appelait la mort *la plus haute des dilections humaines.* Ce n'est point sans doute la manière universelle de la considérer, mais si elle était toujours préparée par une vie chrétienne, n'est-ce pas ainsi, le plus souvent, que nous l'envisagerions ?

La mort n'est-elle pas le jour pour lequel nous sommes nés, le jour pour lequel nous aurions dû vivre, le jour craint mais désiré? Car la mort est l'accomplissement de toutes nos espérances; elle est l'unique route à la terre promise, l'unique porte où nous puissions passer pour entrer dans le séjour des félicités éternelles. Il faut mourir pour aimer pleinement celui que nous nous sommes choisis, pour jouir pleinement de celui auquel nous nous sommes donnés... Le Sauveur Lui-même, Lui la sainteté infinie, n'a-t-il pas passé par cette route de la tombe pour nous la rendre consolante et douce?...

O mort, il est bien vrai que tu peux être pour tous douloureuse et répugnante à la nature, mais tu n'es solitaire, tourmentée, déchirante que pour celui qui a mis ses espérances dans la terre, dans son or, ses gloires, ses voluptés. L'âme chrétienne qui a su dominer ces faux biens pour tendre sans cesse aux biens éternels, ne voit dans la mort qu'une porte s'ouvrant dans la demeure du Père, de celui qu'elle a connu, qu'elle a aimé tous les jours. Si elle ne commande pas à la mort, elle lui obéit; si sa volonté est tremblante et surprise, elle est armée par l'amour finissant par absorber la mort dans sa victoire. *Ubi est, mors, victoria tua?... Absorpta est!...*

Hélas! quels ennuis dans cette vie! quelles agitations, quels troubles, quelles vicissitudes! Il n'y a pas de paix, pas de vraie félicité sur la terre. Le bonheur parfait c'est le ciel, c'est Dieu. Il n'y a qu'au ciel une vie véritable et elle est éternelle... Les saints chantaient en y pensant, et le prophète roi disait : *Je me suis réjoui quand on m'a dit : nous irons dans la maison du Seigneur.*

Voici le *nunc dimittis* que faisait entendre madame Swetchine aux derniers jours de sa vie :

« Une pente plus rapide, une impulsion plus forte m'entraîne vers la tombe; chaque heure de plus me dépouille et me fait descendre de quelques pas. Les grains de poussière au fond du clepsydre se font rares et je les compte sans effroi. Quelles sont imposantes ces années qui nous restent, ces années qui peuvent n'être qu'un jour ! la veille de tout grand jour porte un caractère solennel, et de tous le plus grand se lève dans l'éternité.

» *Nunc dimittis.* C'est à présent, ô mon Dieu ! que vous pouvez retirer à vous votre servante et lui donner la paix. Son bagage est allégé, le moins fort de vos anges l'emporterait sous son aile. L'orgueil qui enfle est abattu, le moi a perdu sa substance, le monde lui a retiré ses lourdes faveurs, le poids du péché a été emporté par le pardon et par les larmes, et sous votre joug léger et doux tous ses membres se sont assouplis. »

« Je me promenais, il y a peu de jours, dans la campagne de Rome, proche des catacombes de Saint-Laurent, nous a dit le R. Père Lacordaire ; je me dirigeai vers un cimetière nouveau qu'on a creusé dans ce vieux cimetière, et je fus frappé, à la porte, par une inscription : *Pleure sur le mort, parce qu'il s'est reposé* ! j'entrai en la méditant, car que voulait-elle dire ? il ne me fut pas difficile de le comprendre : pleure sur le mort, parce qu'il s'est reposé de bien faire, parce que ses mains ne peuvent plus donner, ni ses pieds aller au-devant du malheur, parce que ses entrailles ne sont plus émues par la plainte, et que son esprit envolé loin des disputes des hommes, ne leur oppose plus l'acte d'une foi humble et patiente. Pleure sur le mort, parce qu'il s'est reposé, tandis que celui qui le nourrissait sur la terre de la doctrine et du pain de vie, son Seigneur et son Maître, est encore sujet aux contradictions. Pleure sur le mort, parce que le temps de la vertu est fini pour lui, parce qu'il n'ajoutera plus à sa couronne. Pleure sur le mort, parce qu'il ne peut plus mourir pour Dieu. Je roulai longtemps dans mon âme ces pensées, qui étaient encore entretenues par le voisinage des martyrs et par cette douce basilique élevée dans la campagne au diacre saint Laurent. Je regarderai les vieux murs de Rome qui étaient devant moi, se tenant debout autour du Siége Apostolique, comme ils se tenaient autour des Césars, et je regagnai lentement ma demeure solitaire, heureux de me sentir un moment loin de mon siècle plus tranquille, ayant entendu près de la tombe des saints et des martyrs cet avertissement sublime : *Pleure sur le mort, parce qu'il s'est reposé.* » Ne sont-ce pas les seules plaintes, plaintes héroïques de la charité, que devrait faire entendre le chrétien lorsqu'il sort de ce monde ?

Ce souvenir des catacombes m'en rappelle un autre qui, à propos du grand passage de la mort me reposera doucement dans la si consolante pensée de l'amour du Sauveur.

« Parmi les peintures, nous dit M. l'Abbé Perreyve, que l'on a trouvées dans les catacombes de Rome, il en est une qui m'a toujours frappé par son sens profond : c'est une croix ornée de pierreries, de laquelle sortent de toutes parts des tiges de roses qui s'épanouissent autour d'elle et dissimulent sa sévère nudité... ce symbole me semble exprimer grandement la transfiguration de la mort par le Christianisme. Néophytes que nous sommes, néophytes de la mort et de la vie future, regardons le moment suprême comme une croix que Jésus et les saints ont couverte pour nous d'encouragements et d'espérances. Quand les enfants des chrétiens s'étonnaient de voir un gibet sur l'autel, leurs pères leur montraient les diamants et les roses, et leur parlaient de l'amour du Sauveur. Si la mort nous effraie dans sa nudité austère, regardons à l'amour qui peut la transfigurer et en faire la plus belle heure, la plus rtche surtout de la vie ! »

L'ANGELUS DU SOIR.

—

Voilà l'hymne du soir :

A genoux, à genoux ! la cloche du village
Balance dans les airs ses sentiments pieux.
Avec la cloche sainte adressons notre hommage
A la Reine des cieux.

Saluons à l'envi l'étoile magnifique,
Le lis de nos vallons éclatant de blancheur ;
Cette rose du ciel, cette Vierge mystique
Qui porta le Sauveur.

Ah ! quand l'ombre des soirs monte sur la colline,
Quand s'éteignent au loin les feux mourants du jour,
J'aime les tintements de la cloche divine,
Qui me parle d'amour.

Sur mes lèvres je sens ruisseler la prière ;
Ta voix, écho céleste, a pour moi la douceur
D'une vierge exhalant, à l'autel solitaire,
Les accents de son cœur.

A genoux, à genoux ! la cloche du village
Balance dans les airs ses tintements pieux.
Avec la cloche sainte, adressons notre hommage
A la Reine des cieux.

(*L'abbé B...*)

L'*Angelus* est le dernier chant d'action de grâces que fait entendre toute la nature en prière. C'est la fête qui se termine par un salut trois fois redit à Marie comme pour faire passer par le cœur de la Mère de Dieu l'immense *magnificat* de toutes les créatures.

Voix sainte et mélancolique de l'*Angelus* du soir, avec quelle douceur tu es répétée par les échos de nos bois et de nos montagnes ! tu sanctifies le dernier repas, les dernières causeries ; tu bénis la nuit par le souvenir que tu nous apportes des plus touchants mystères de la foi !... Qui dira les salutaires influences de ta sainte et rêveuse harmonie! Sous le ciel pur de nos campagnes la pensée, surtout à cette heure silencieuse du soir, monte si facilement vers Dieu, se remplit si aisément de douces et pieuses larmes !

Et puis, c'est alors encore que revient mélancolique et douce la mémoire des défunts aimés et regrettés.

Tout avec l'horizon s'obscurcit ; l'âme est noire, le souvenir des morts revient dans la mémoire; on songe à ces amis dont l'œil ne doit plus voir dans le jour éternel, de matin ni de soir ; on sonde avec tristesse au fond de sa pensée la place vide encor que leur mort a laissée, et pour combler un peu l'abîme douloureux, on y jette un soupir, une larme pour eux

Ils furent ce que nous sommes
Poussière, jouet du vent !
Fragiles comme des hommes,
Faibles comme le néant !
Si leurs pieds souvent glissèrent,
Si leurs lèvres transgressèrent
Quelque lettre de la loi,
O Père ! ô juge suprême !
Ah ! ne les vois pas eux-mêmes,
Ne regarde en eux que toi !

. . . .

O Père de la nature
Source, abîme de tout bien,
Rien à toi ne se mesure,
Ah ! ne te mesure à rien !
Mets, ô divine clémence,
Mets ton poids dans la balance,
Si tu pèses le néant !
Triomphe, ô vertu suprême !
Et te contemplant toi-même,
Triomphe en nous pardonnant !

(*Alph. Lamartine.*)

LA NUIT.

—

M. de Maistre a dit : « La nuit est un complice naturel constamment à l'ordre de tous les vices, et cette complaisance séduisante fait, qu'en général, nous valons moins la nuit que le jour. La lumière intimide le vice comme elle épouvante le hibou ; la nuit rend toutes ses forces, et c'est la vertu qui a peur. »

C'est vrai : nous valons peu le jour et encore moins la nuit. « Combien de fois, dit le R. P. Marchal, ne m'est-il pas arrivé d'entrouvrir ma fenêtre après minuit, de promener mes regards sur la grande ville pour rêver dans le silence ! Et je me disais : En ce moment, combien d'insensés qui se disent l'un à l'autre : Enivrons-nous de délices, de quoi aurions-nous peur ? personne ne nous voit. Oh ! oui, l'œil du tout-Puissant plane à cette heure sur bien des orgies qui l'irritent, sur bien des profanations dont l'odeur luimonte au visage ! qui enchaînera sa colère ? Et j'étais épouvanté, car je pensais à Sodome et à Babylone. Cependant, je me rassurais en me disant : Non, car l'œil de Dieu voit en ce moment, dans la grande cité chrétienne, ce qu'il ne voyait ni à Sodome, ni à Babylone. Il voit sur nos autels le sang de son divin fils qui crie : Miséricorde ! Il voit sur la colline l'image de la *Mère de douleur*, qui prie pour les pécheurs dont elle est le refuge. Il voit des enfants purs dont le sommeil est une prière. Il voit des hommes simples qui lui ont demandé pardon à genoux avant de se reposer, sur leur couche austère, des travaux du jour. Il voit des âmes saintes qui veillent avec amour devant ses tabernacles. Il voit des âmes résignées qui purifient la nuit par leurs douleurs, en les unissant aux souffrances de l'Homme-Dieu, qui sanctifia la nuit par la crèche, et le jour par le calvaire. »

Mais je ne veux voir dans la nuit, la nuit si recueillie, si religieuse sous le ciel pur de nos campagnes qu'une inspiratrice de bonnes et saintes pensées. C'est durant nos nuits étoilées, sereines, pleines de douces harmonies et de fraîches senteurs que Dieu, tirant le rideau du temple, semble nous donner ses plus divins spectacles. C'est aussi à l'une de ces nuits qu'il a été donné d'être témoins de la naissance du Christ et de sa résurrection, nuits resplendissantes qui ont été saluées du nom d'heureuses!

Le jour se donne aux choses humaines; la nuit dans son recueillement semblerait ne pouvoir se donner qu'à Dieu. On sent son infini sur sa tête, et le silence seul parle si bien de lui, de sa grandeur, de son immensité, de sa sainteté!...

O nuit majestueuse, arche immense et profonde
Où l'on entrevoit Dieu comme le fond sous l'onde,
Où tant d'astres en feux portant écrit son nom,
Vont de ce nom splendide éclairer l'horizon,
Et jusqu'aux infinis, où leur courbe est lancée,
Porter ses yeux, sa main, son ombre, sa pensée!

(*A. Lamartine.*)

« Les heures de la nuit m'ont fait du bien, disait madame Swetchine; il est rare que ces chères compagnes ne m'apportent pas comme un bienfait quelque sentiment ou quelque pensée du ciel. »

« Ma fenêtre est ouverte; comme il fait calme! écrivait

Eugénie de Guérin dans une de ces nuits que donnent seules nos paisibles campagnes. Tous les petits bruits du de hors me viennent; j'aime celui du ruisseau. J'entends une horloge à présent, et la pendule qui lui répond. Ce tintement des heures dans le lointain et dans la salle prend dans la nuit quelque chose de mystérieux. Je pense aux trappistes qui se réveillent pour prier, aux malades qui comptent en souffrant toutes les heures, aux affligés qui pleurent, aux morts qui dorment glacés dans leur lit. Oh ! que la nuit fait venir des pensées sérieuses ! »

Oui, ces nuits tranquilles et si pleines de magnificence ont toujours des voix inconnues qui nous parlent et nous révèlent d'austères pensées. L'âme n'est plus, comme dans le jour, dispersée sur tous les objets qui frappent les sens : elle se replie la nuit sur elle même ; et si rien ne murmure autour d'elle, si elle est solitaire n'ayant pour reposer ses regards que les étoiles du firmament , elle rêve à ce quelque chose de mystérieux, d'infini qu'elle entrevoit dans les cieux ; elle sent ici plus fortement et sa grandeur et sa misère ; l'immense pensée de Dieu l'accable; elle chante et gémit, n'aspirant qu'à se jeter dans l'océan divin qu'elle entrevoit au fond de tout ce qui l'entoure... Telle est dans les ténèbres la grande lutte de l'âme chrétienne avec la lumière incréée ; telle est la prière au milieu de la nuit, la prière avec Dieu seul ! Oh ! comme devaient bien prier dans les si belles nuits de l'orient les milliers d'anachorètes qui remplirent de merveilles les déserts et les grottes de la Thébaïde, du Carmel et du Liban !...

Dans une de ces belles nuits où tout le ciel éclaire ses soleils, comme pour une fête splendide que la nature veut donner au Créateur, je me promenais avec un bon religieux, lorsque s'arrêtant tout-à-coup : « Quelle tente magnifique donnée à l'homme, me dit-il, que celle de ces incommensurables cieux qui s'étendent sur nos têtes, chargés, sablés, poussiérés de feux innombrables qui sont autant d'univers ! O séjour de l'homme, que tu es divin ! quels torrents de vie doivent circuler dans l'immensité de cette superbe création ! que d'êtres innombrables, que d'atomes imperceptibles, que de vies entendues par Dieu et dont les battements sont sous sa main puissante !... O Dieu, laissez-moi concentrer toutes ces pulsations de la vie dans un acte d'amour qui aille se perdre à son tour dans l'immense extase de vos cieux éternels ! » Toute la pensée de ce bon religieux était au ciel. Avec quel cœur, quel accent il me dit ces paroles !

Mais il est un souvenir qui domine ici toutes méditations. Ne semble-t-il pas dans ces nuits si solitaires et si douces que l'on entende retentir encore le beau *Gloria in excelsis* qu'entonnèrent les anges, à la naissance du Sauveur ? Oh ! en mémoire surtout de ce magnifique et si touchant souvenir, je ne veux cesser d'inviter ces nuits à bénir le Seigneur...

Benedicite, noctes, Domino, laudate et superexaltate eum in sæcula : nuits, bénissez le Seigneur ; louez-le, exaltez-le dans tous les siècles.

LES ÉTOILES.

—

Les cieux ont un langage qui s'adresse à toute la terre et qui est compris par tous les hommes. *Cœli enarrant gloriam Dei, et opera ejus annuntiat firmamentum.* Les cieux racontent la gloire de Dieu, et le firmament annonce l'œuvre de ses mains. Il ne faut que prêter l'oreille pour entendre cet éternel *Hosanna* que chantent les soleils sur les pas de l'Eternel.

Ces chœurs étincelants que ton doigt seul conduit,
Ces océans d'azur où leur foule s'élance,
Ces fanaux allumés de distance en distance,
Cet astre qui paraît, cet astre qui s'enfuit,
Je les comprends, Seigneur! tout chante tout m'instruit
Que l'abîme est comblé par ta magnificence,
Que les cieux sont vivants, et que ta providence
Remplit de sa vertu tout ce qu'elle a produit!
Ces flots d'or, d'azur, de lumière,
Ces mondes nébuleux que l'œil ne compte pas,
O mon Dieu, c'est la poussière
Qui s'élève sous tes pas!

O nuits, déroulez en silence
Les pages du livre des cieux;
Astres, gravitez en cadence
Dans vos sentiers harmonieux!

Durant ces heures solennelles,
Aquilons, repliez vos ailes;
Terre, assoupissez vos échos;
Etends tes vagues sur les plages,
O mer! et berce les images
Du Dieu qui t'a donné tes flots.

(A. Lamartine.)

Quel amas de merveilles étalent à nos regards ces champs du firmament! Quelle intelligence que celle qui a réglé avec tant de précision la marche de ces masses énormes! Quelle géométrie sublime que celle qui dirige leur course rapide, infatigable! Et puis, où finit cet immense chef d'œuvre? Ce sont toujours des étoiles au-delà des étoiles. L'instrument qui prolonge la vue ne nous aide qu'à voir étinceler de nouveaux astres dans d'autres cieux plus profonds. A mesure que l'on monte, des perspectives plus merveilleuses s'élèvent sans mesure, et nous restons loin, toujours loin des confins de cette création sans limites... Et cependant ce ciel matériel, symbole du ciel invisible, est bien moins éloigné de la terre qu'il ne l'est, ô Roi de cette pompe triomphale, de votre trône adorable!...

Ces immensités célestes subjuguent la pensée et, dans le saisissement que fait éprouver cette contemplation, on ne peut qu'adorer, ô divin architecte de cet incompréhensible univers, l'infinité de votre puissance et l'immensité de votre grandeur...

. . . . Que l'esprit de l'homme
Plie et tombe de haut, mon Dieu, quand il te nomme !
Quand, descendant du dôme où s'égaraient ses yeux,
Atome, il se mesure à l'infini des cieux,
Et que, de sa grandeur, soupçonnant le prodige,
Son regard s'éblouit, et qu'il se dit : Que suis-je ?
Oh ! que suis-je, Seigneur, devant les cieux et toi ?
De ton immensité le poids pèse sur moi ;
Il m'égale au néant, il m'efface, il m'accable...

. . . .

L'homme est néant, mon Dieu, mais ce néant t'adore ;
Il s'élève par son amour.
Tu ne peux mépriser l'insecte qui t'honore,
Tu ne peux repousser cette voix qui t'implore,
Et qui, vers ton divin séjour,
Quand l'ombre s'évapore,
S'élève avec l'aurore,
Le soir gémit encore.

(*A. Lamartine.*)

Oui, nous sommes des atomes perdus dans l'immensité des œuvres de Dieu, devant lequel ce firmament n'est lui-même qu'un grain de poussière, mais nous portons dans notre âme le sceau de la ressemblance divine, nous sommes les créatures privilégiées de Dieu, celles destinées à le connaître, le servir, l'aimer, s'unir éternellement à lui même.

Aussi notre âme se sent-elle faite pour ces grands spectacles, ces fêtes ravissantes que lui donnent les cieux. Merveille du Créateur et ne trouvant que dans l'obéissance à sa loi la dignité qui fait sa grandeur et sa paix, elle aime à errer parmi les merveilles de tous ces corps célestes si soumis aux lois de l'Eternel et qui inclinent si magnifiquement devant lui leurs couronnes de feu. Tant de grandeur la rappellent à la sienne, et de ces cieux plus rapprochés du ciel éternel elle rapporte dans son séjour de passage des espérances plus vives de son immortalité.

Un jour, ô mon Dieu, vous replierez cette tente magnifique, un jour périra ce splendide vêtement dont votre majesté s'environne; mais vous, Seigneur, vous subsisterez toujours. Votre trône est immuable, et vos anges et vos élus vous contempleront à jamais. Vous êtes notre partage pour toute l'éternité.

Elevez donc mon âme, Seigneur, au-dessus des choses invisibles...

« Ouvrez mes yeux, Dieu terrible, avant que la mort
» vienne les fermer; aidez-moi à lire la doctrine muette
» de vos ouvrages, à voir les objets tels qu'ils sont,
» plutôt que leur image altérée dans le miroir infidèle
» du monde. Placez devant mes regards le temps et l'é-
» ternité. Qu'il est dangereux de se méprendre dans la
» mesure de l'un et de l'autre : cette erreur entraîne
» notre ruine. Faites que je pèse l'un et l'autre dans une
» balance exacte qui m'apprenne la différence de leur
» poids. Que le temps ne me paraisse que ce qu'il est en
» effet, un rapide moment; et que l'orbe immense de
» l'éternité, roulant dans sa grandeur devant mon âme,
» l'élève et l'attire vers les cieux. Oh! quand verrai-je
» un plus bel univers que celui que j'admire ici? Quand
» pourrai-je contempler sur votre sein dévoilé le modèle
» de sa création, et ne plus m'étonner ici de sa faible
» copie? Quand secourai-je cette poussière étrangère à
» moi? Quand mon âme ira-t-elle, dégagée de ce vête-

» ment de chair et rendue à vos bras paternels, goûter
» dans votre sein vos propres félicités. »

(Paroles d'Young.)

L'INSTANT D'ADORATION.

—

Sous mon ciel étoilé, voici quelques nuages qui doucement voiturés par les vents de la nuit, s'allongent et grandissent. Ils se croisent, s'enchaînent, se combinent sous mille formes. Ils se groupent en paysages... en pyramides... en rochers... Un vieux pont les traverse... mais voilà ses arcades qui se rompent... et de leurs débris s'élève un temple, une cathédrale... avec ses flèches dentelées, ses clochetons, sa rosace... Tout-à-coup les portes s'ouvrent... Dieu ! quel spectacle !... La profonde basilique est toute éclairée. La nacre et l'opale scintillent sous son dôme. Dans le fond seulement, une demie obscurité voile le sanctuaire. Une douce étoile s'est faite l'heureuse lampe qui veille près de l'autel. Des groupes de petits enfants ailés semblent prier les mains jointes sur un nuage d'encens... O quel recueillement, quel silence autour du saint lieu !.. Vos autels, Seigneur ! *Altaria tua, Domine* ! Laissez-moi prier ici tout auprès de vos anges. *Adoro te supplex latens Deitas* !...

Mais voilà que tout change... Le temple se ferme avec ses mystères. L'édifice se décompose, les murs se désunissent; les hautes tours s'écroulent; tout a pris une forme nouvelle. Le fantastique appareil s'est fondu. Les nuages s'étendent, ils se dilatent, ils s'éparpillent au loin comme une blanche laine emportée par les vents, puis bientôt ils se liquéfient en vapeur. Ce sont comme les flots de mille encensoirs qui s'élèvent vers l'Eternel...

Mon Dieu, la douce illusion ! Je me sentais si bien à vos pieds ! J'eusse prié toute la nuit d'un ineffable amour près de ces tabernacles de nuages !...

LE CLAIR DE LUNE ET MON DERNIER AMOUR.

—

Une belle lune ayant toutes les étoiles pour cortége se promenait en ce moment sous le dôme du ciel avec la gravité, la majesté d'une reine. Tantôt elle suivait paisiblement son cours azuré et tantôt montait à travers quelques groupes de nuages qui, argentés de sa pâle lumière, ressemblaient à des hautes montagnes couronnées de neige.

Sa clarté sur la terre revêtait d'une immense robe blanche nos près et nos collines, brillantait au loin tous les cours d'eau, dessinait plus fortement toutes les grandes lignes tracées par la nature, allongeait, faisait trembler toutes les ombres, couvrait tout d'une indéfinissable beauté... Son demi jour si mélancolique, si mystérieux porte à la rêverie et incline doucement l'âme à la prière.

Astre aux rayons muets, que ta splendeur est douce
Quand tu cours sur les monts, quand tu dors sur la mousse,
Que tu trembles sur l'herbe ou sur les blancs rameaux,
Ou qu'avec l'alcyon tu flottes sur les eaux !

. . . .

Ah ! si j'en crois mon cœur et ta sainte influence,
Astre ami du repos, des songes, du silence,
Tu ne te lèves pas seulement pour nos yeux ;
Mais, du monde moral, flambeau mystérieux,
A l'heure où le sommet tient la terre opressée,
Dieu fit de tes rayons le jour de la pensée !
Ce jour inspirateur, et qui la fait rêver,
Vers les choses d'en haut l'invite à s'élever ;
Tu lui montres de loin, dans l'azur sans limite,
Cet espace infini que sans cesse elle habite ;
Tu luis entre elle et Dieu comme un phare éternel,
Comme ce feu marchant qui suivait Israël ;
Et tu guides ses yeux, de miracle en miracle,
Jusqu'au seuil éclatant du divin tabernacle
Où celui dont le nom n'est pas encore trouvé,
Quoique en lettres de feu sur les sphères gravé,
Autour de sa splendeur multipliant les voiles,
Sema derrière lui ses portiques d'étoiles !
Luis donc, astre pieux, devant ton créateur !
Et si tu vois celui d'où coule ta splendeur,

Dis-lui que sur un point de ces globes funèbres
Dont tes rayons lointains consolaient les ténèbres,
Un atome perdu dans son immensité
Murmurait dans la nuit son nom à la clarté !

(*A. de Lamartine.*)

La lune est la reine des nuits comme le soleil est le roi du jour. C'est du soleil qu'elle emprunte sa lumière, mais une lumière si tempérée que nos yeux qui ne peuvent supporter l'éblouissante vue du soleil se reposent doucement à la blanche clarté de la souveraine des nuits. Voilà bien l'aimable symbole de celle que l'Apocalypse nous présente environnée du soleil et tenant la lune sous ses pieds. *Et signum magnum apparuit in cœlo* ; *mulier amicta sole, et luna sub pedibus ejus, et in capite ejus corona stellarum duodecim.*

O Marie, laissez-moi donc vous adresser ici les dernières paroles d'une journée que votre souvenir a sanctifiée, que votre doux regard a souvent daigné bénir. O astre bienfaisant, ô miséricordieuse mère, vous avez, aux jours si tristes de ma vie, éclairé la nuit de mes égarements ; vous m'avez souri du haut des cieux alors que tous les points du ciel m'étaient obscurs, tous, excepté le vôtre, ô refuge des pécheurs! et, toujours compatissante et bonne, vous ne cessez de conduire à la lumière du divin soleil mes pas sans cesse incertains, toujours, hélas, défaillants près des abîmes .. Comment, ô Marie, ne vous aimerais-je pas? Ah! j'aime bien ma vallée, mes bois, mon lac, les oiseaux, les fleurs, mais je vous aime bien plus, ô Marie, ô ma mère. Vous étes mon dernier, mon éternel amour. .

J'aime le frais ruisseau qui court sous la verdure,
J'aime le rossignol au chant suave et pur,
La brise qui le soir dans les arbres murmure,
Et l'étoile qui tremble au sein du ciel d'azur.
J'aime les doux parfums de la rose fleurie,
L'éclat de son bouton pour l'aurore entr'ouvert.
Ce que j'aime surtout, c'est ton nom, ô Marie,
Ton nom, mélodieux concert!..

J'aime du lac si bleu la rive solitaire,
J'aime d'un soir d'été les rapides moments,
Du bois silencieux l'ombrage et le mystère,
Du feuillage embaumé les doux frémissements.

J'aime la chaste voix de la cloche bénie,
Les parvis consacrés du temple du Seigneur.
Ce que j'aime surtout, c'est ton autel, Marie,
Ton doux autel consolateur.

J'aime le pur flambeau, la mourante étincelle
Qui brûle nuit et jour, ma mère, à tes genoux,
J'aime les blanches fleurs qui parent ta chapelle,
Ton image au regard si suave et si doux,
J'aime quand du printemps brille l'aube chérie,
De ton mois parfumé le gracieux retour ;
Ce que j'aime encore plus, c'est toi-même, ô Marie,
Toi, mon bonheur et mon amour !..

(*Rosier de Marie.*)

MÉDITATION FINALE.

—

Cette nuit a des silences, une douceur, un recueillement admirable. Je veux méditer là quelques minutes encore.

Il me vient en pensée que lorsque le fils de Dieu voulut bien entrer dans ce monde, le firmament, la terre, les bois, les eaux, les poissons, les volatiles, les fleurs, toutes les créatures, sans un miracle s'efforçant à se taire, eussent pris une voix, une harmonieuse et éclatante voix pour glorifier leur Créateur les honorant de son regard, de son toucher, de sa substantielle présence... Oh ! oui sans doute, mais, sans le frein qui leur était imposé, de quels hommages aussi n'eussent-ils pas entouré sa mère ?...

Jésus Christ est dans les desseins éternels la cause finale de toute la création qui aboutit à cet Homme-Dieu son roi pontife pour s'unir à Dieu le Roi suprême; mais le ciel et la terre ne furent créés qu'en vue du consentement de celle qui devait l'introduire dans ce domaine. C'est en vue du *fiat* de son obéissance que fut prononcé le premier *fiat* de la toute-puissance divine qui faisait sortir le monde du néant. Combien donc toute la création n'est-elle pas redevable à Marie ?

Ce monde matériel sorti des mains de Dieu pour être son temple n'était plus, avant l'incarnation, qu'un temple d'idoles. Tout y était Dieu excepté Dieu lui-même. Combien encore toute cette création devait bénir Marie lui donnant celui qui venait exorciser ce monde, en chasser ses honteux usurpateurs et rendre au firmament, aux mers, aux fleuves, à toutes les merveilles de la création l'honneur de réfléchir la face de Dieu, son immensité, sa grandeur, ses perfections, sa Providence.

Aussi toutes les choses visibles et invisibles, terrestres comme célestes, bénissent-elles cette vierge divine établie reine du ciel et de la terre, reine des anges et des hommes, reine de la création toute entière parce qu'elle est la mère du Créateur.

C'est par l'auguste maternité de Marie que Dieu a voulu rattacher en l'Homme-Dieu le monde inférieur au monde supérieur. Et tout ce monde de la nature semble vouloir se mouvoir, s'empresser autour de Marie pour exalter sa grandeur et lui payer un tribut de gratitude et de dépendance : c'est le soleil qui veut lui servir de vêtement; ce sont les étoiles qui veulent lui former son diadème; c'est la lune qui veut lui servir de marchepied; c'est tout ce qu'il y a de plus imposant dans les œuvres de la création qui s'unit à l'envi pour glorifier la divine mère du Créateur. *Et signum magnum apparuit in cælo...* Et un grand signe parut dans le ciel : Une femme revêtue du soleil, ayant la lune sous ses pieds, et sur sa tête une couronne de douze étoiles. (Ap. 12. 1).

N'est-ce pas dans cette même pensée et d'accord avec toutes les harmonies de la nature, que les harmonies bibliques dans lesquelles viennent se refléter les harmonies de Marie, s'offrent à nous sous un symbolisme de louanges qui presque toujours est pris dans la nature? C'est tout ce que ce monde de la nature a de pur, de doux, de fécond, de gracieux qui vient se grouper aux pieds de celle qui devait être le chef-d'œuvre, l'ornement et la gloire du monde de la grâce :

Elle est l'aurore à son lever, le soleil dans son éclat, la lune dans sa beauté, l'arc-en-ciel dans sa symbolique magnificence. Elle est une tige devant porter la divine fleur, une terre vierge qui produit l'arbre de vie ; l'étoile du matin dont elle annonce le retour, l'arche d'un bois incorruptible renfermant le salut du monde, le buisson ardent qui brûle sans se consumer d'un feu céleste, la blanche toison qui reçoit seule la rosée du ciel, la nuée légère d'où doit pleuvoir le juste. Elle est la fontaine scellée, le jardin clos, le lis qui grandit entre les épines. Elle est suave comme la rose de Jéricho, éclatante comme le fruit de l'oranger. Ses vertus répandent l'odeur de la myrrhe, de la cinnamore et de l'encens ; elle a la majesté et la grâce du cèdre ; elle grandit comme le platane ou le palmier du désert. La colombe et la tourterelle retracent sa candeur et son humilité ; le lait et le miel sont les images de la douceur de son cœur et de l'abondance de ses miséricordes. Nos saints livres emploient les plus doux emblêmes de la nature, ses figures les plus suaves, ses symboles les plus poétiques pour exquisser la virginale figure de Marie, pour parfumer la couronne de cette reine de la nature.

Marie est l'Eve divine, jamais elle n'est sortie du paradis de la grâce. Cette sœur des hommes apparaît sur son trône de candeur au sein d'une si limpide lumière et enveloppée d'un parfum si exquis d'innocence ; elle se montre revêtue d'une grâce si céleste et si souriante, si douce et si bonne que les peuples chrétiens pour la fêter, ne cessèrent de demander à la nature ce qu'elle pouvait donner de plus virginal, de plus frais, de plus embaumé. Ils tapissèrent de roses ses sanctuaires, chargèrent de fleurs ses autels, couronnèrent de bluets et d'églantines ses bannières et unirent souvent jusque dans nos graves basiliques à toutes les splendeurs du temple toutes les pompes de la nature.

En tout temps encore la piété catholique se plut à lui élever des oratoires rustiques sous des dais de feuillage, à lui bâtir des chapelles sur les sommets aromatiques des montagnes, sur le versant velouté des collines, parmi les lis et les aromes des fraîches et mystérieuses vallées, sur le bord harmonieux des sources, dans des grottes aux brillantes stalactites ou le creux moussu de quelques chênes centenaires.

Le monde de la nature a été fait pour le monde de la grâce, et Marie est la Vierge *pleine de grâces*, la mère de l'auteur de la grâce, la rose mystique du cœur de Dieu.

A nous donc, enfants de la foi, de reconstruire le plan

primitif d'une nature qu'avait ravagée le mal ; à nous de ramener la création à son but suprême : une foule d'images y sont ordonnées par le Dieu créateur à une fin surnaturelle ; tout le monde spirituel se réflète dans le monde visible. Cherchons, et nous y trouverons partout quelques rayons des divines beautés dont brillent au plus haut des cieux Jésus et Marie, ses deux chefs-d'œuvre du monde surnaturel. Ecoutons l'hymne d'amour et de reconnaissance, l'universel *Magnificat* qui, du grain de sable au soleil et du soleil au plus haut séraphin s'y chante incessamment à leur gloire. Le firmament et ses mondes, la terre et ses merveilles se balançent à leurs pieds comme l'encensoir d'or que le prêtre promène dans le saint des saints durant les mystères adorables du divin Emmanuel...

TABLE.

Limoges. — Imprimerie de Barbou frères

www.ingramcontent.com/pod-product-compliance
Ingram Content Group UK Ltd.
Pitfield, Milton Keynes, MK11 3LW, UK
UKHW022108260726
13993UKWH00001B/394

9 782329 328102